本丛书由上海市教育委员会
上海高校马克思主义学院内涵提升建设项目资助出版

上海电机学院
马克思主义中国化系列丛书

论公共德性

一项缘于上海城市社区实证调查的研究

宋洁 / 著

上海社会科学院出版社

序

  展现在我们面前的这本学术专著,是一部基于实证调查所获得可靠数据之上的理论研究成果,其理论主攻标靶是公共德性问题。文献通过抽样选取上海20个城市社区的1000份青年样本开展相关研究。从他们对亲社会行为的不同态度选择出发,试图关照青年人对公共德性问题的理解与倾向性,在此基础上,揭示开展公共德性培育的有关要求和规律。

  关于公共德性问题的研究,在本学界基本尚属于比较冷门的议题,至少不是热门话题。为什么会出现这种情况,一则可能是由于这一话题的研究有难度,其中不仅有理论难点,而且有实践难点;二则可能是人们对这一话题研究的价值或意义还缺乏必要的认知。在这种状况下,宋洁的这本书居然知难而进,选择通过研究人们对亲社会行为的倾向性,转而研究人们的公共德性的培育问题,显然是需要足够的理论勇气和学术进取心的,对此我也十分钦佩和感动。宋洁的研究,最直接的目标主要有两个:第一是阐明研究公共德性及其扩展为行为的重要性;第二是表明这种研究本身的特点。在阐明研究公共德性及其扩展的意义方面,本书紧紧围绕"公共性"这一内核展开诠释,可以认为,公共性是一个既可以作相对理解,又可以作绝对理解的概念。就它的绝对性而言,人类生活从一开始就具有"公共性"的特点,因为那时就产生了最原始的共同体,从而产生了为维系公共生活所必需的一系列规则、律令、禁忌甚至习惯等。尽管原始初民的共同体及其"公共性"要求相对粗糙,通行的领域与范围也十分狭小,但毕竟形成了一定的共同体及其"公共性"。也就是说,公共性的存在是绝对的。同时,任何具体的"公共性"的存在又是相对的,随着人类社会不断发展和文明不断进步,人类的共同体形态越来越丰富,直到今天提出"人类命运共同体"这一具有丰厚内涵的共同体形态,它所需要的"公共性"要求与原先的那些"公共性"要求相比,显然应该有更丰富的要素与要求,因此,"公共性"表现出明显的与时俱进的特征。对此,人们充分认识到,我们不能静止在某一具体的"公共性"之上,只能不断追求更"公共"、更共同、更普适的愿景,即没有最"公共",只有更"公共"。当然,我们也要看到,当时社会共同体所拥有的"公共性",其内涵与今天所说的公共性之内涵不可相提并论,但今天的"公共性"可能就蕴含着人类早期原始"公共性"的某些基因,它们也许就是从那里发育过来的。随着社会发展,人们公共生活的领域越来越扩展和深化,于是公共德性的内涵和通行范围也不断拓展,它们的价值也被越来越多的人所认可或赞同。但公共性本身所具有的这种超越性,经常使习惯于固守、守成或自满的人们感到不适应,他们很难理解"公共性"具有永远没有终点的特征,即在一定的"公共性"之外,还有更大的"公共性"。就国人的思维习惯看,人们比较注重绝对化、格式化甚至凝固化,对"公共性"的认识也同样如此,因此需要认真考量推行公共德性和公共德行的必要性问题,尤其是在社会人群长期以来只重视私德,而对社会公德,尤其是更广泛意义的"公共性"缺乏必要认知的情况下,本书研究的现实意义就更加彰显。

  本书试图论述培育人们的公共德性,实际上点化出一个更重要的研究选项,即如何实现中华民族复兴的内涵丰富性及其复兴路径问题。作为实现"中国梦"的重大内容之一,"中华民族复兴"这一宏伟奋斗目标已提出多年。但实际上人们对这一奋斗目标的具体理解还各不相同,尽管如此,人们至少在下面这点上已达成共识,即中华民族复兴的具体表征是多样化而非单一性的,是作为一个过程展现的而非一蹴而就的,是一个艰难曲折的进程而非仅仅靠文字架构并主观臆想的产物。也就是说,就民族复兴的具体内涵来看,一个民族不仅要在物质上强大起来,也要在精神上强大起来,更要在文化上强盛优越起来。不难看到,这些年来,人们对民族复兴的物质性内涵之理解比较重视,并且这些特征也比较容易被人们直观理解,而对民族复兴的精神特征和文化要素则考量甚少。甚至在人民美好生活需要的梳理方面，也常仅仅关注到有形的物质性需要，而对精神性和社会性需要之理解则欠缺得很。尽管我们也提出了社会主义核心价值观的培育与践行，但实际上对这些价值观的具体化和深入探究，还留有巨大的理论腾挪空间，尤其是如何将这些价值观内化为心外化为行，存在着许多值得探索的方面及问题。在民族复兴的进程中，我们究竟面临着哪些困难与挑战？对于一个拥有近14亿人口、仍处于发展中国家状况的大国来说，它在物质形态的发展中拥有什么特征？是否永远也无法企及那些早发的现代化强国的物质水平？然而，值得关注的问题是，在人均物质水平上不如他国，并不意味着在精神特征和文化品位上就必然落后于别国。也就是说，我们可以在精神方面做得比别国更有优势。不难看到，在民族复兴的进程中，前些年学界关注的"中等收入陷阱"无疑是一个重大障碍。所谓"中等收入陷阱，是指当一个国家的人均收入达到中等水平后，由于不能顺利实现经济发展方式的转变，导致经济增长动力不足，最终出现经济停滞的一种状态"。这里的"人均收入达到中等水平"，常常不指一个绝对值，而是依不同社会发展阶段和相关国家发展水平的实际状况而定的一个区间值，如早些年一些南美国家的人均收入3 000美元标志着进入中等收入水平，而现在人们衡量人均收入的中等水平则提高到了人均10 000美元甚至更高，人均收入超过12 000美元就可以列入高收入区间而成为发达国家。必须看到，考量人均收入水平是一回事，而计较社会特征更应引起人们的普遍关注。多年前，据说《人民论坛》杂志曾在征求50位国内知名专家意见的基础上，列出了"中等收入陷阱"国家的十个方面的特征，包括经济增长回落或停滞、民主乱象、贫富分化、腐败多发、过度城市化、社会公共服务短缺、就业困难、社会动荡、信仰缺失、金融体系脆弱等。这些社会特征的长期存在并不断深刻化，倒是应该引起人们的重点关注。如人均收入水平仅仅是个表象，社会的贫富分化严重才是社会危机的深根所在。更值得关注的问题是，如果一个社会普遍存在信仰缺失、精神疲软、奢靡浮华、逐利炫富、讲排场、比阔气，目光短浅等精神征候的话，这就比较可怕了。一个民族有没有希望和前途，并不仅仅应从其当下的物质富裕程度去考量，而更多应该从其精神征候和文明特征上去观察与判断。

记得当年有国人曾比较研究过世界上几大民族的文明特征和性格特征,他认为要真正懂得中国人和中国文明,这个人必须是深沉的、博大的、纯朴的,因为中国人的性格和中国文明的三大特征,正是深沉、博大和纯朴。他甚至进一步指出,美国人博大、纯朴,但不深沉;英国人深沉、纯朴,但不博大;德国人深沉、博大,但不纯朴;法国人拥有一种非凡的精神特质,那就是灵敏。而中国人除了拥有深沉、博大、纯朴外,还拥有灵敏。[①] 尽管我们今天不可以个人的观点作为作出整体判断的依据,但仍然可以追问,今天的中华民族和中国国人,正以怎样的精神气质展现在世人面前?世人又会对国人作怎样的评价?

在这样的情势下,中国国人加强自己的德行修养,已成为民族复兴的一个重要任务。近年来人们推崇王阳明的心学及其修养学说,即从一个方面表明了人们的这种问题意识。

当然,本书的研究也存在一些需要注意的问题,主要是实证调研与理论分析两者之间有一定的分离感,融合度不高。另外,实证调查问卷的样本不大,对于这么一个重要问题之研究对象,区区1000份问卷实属小型规模,这对描述问题的全貌势必会带来一定的缺憾,同时,由于问卷内容涉及的相关变量不够丰富,既有的一些变量又似乎都表现得与研究问题本身关联性不大,如性别、年龄、家庭状况、地域等都显示为"差异不明显",还有一些变量如从事职业状况、政治面貌、教育程度等则没在问卷的相关性因素预设之中,也许会遗漏重要的干涉变量。

对于青年研究者的探索,我是持积极支持态度的。至于对研究文献内容的具体评价,只有对其作一番认真而又客观的审阅后,才可能作出准确的评判。建议对这一主题感兴趣的人士,不妨读读这本专著。

邱柏生
2018年9月10日

[①] 参阅辜鸿铭.中国人的精神[M].海口:海南出版社,1996:3—6.

目　　录

序 ……………………………………………………………… 1

导言　城市社区亲社会行为的形成与发育：引发对公共德性的关注 …… 1
　　一、亲社会行为：为什么人们助人？ ……………………… 1
　　二、公共德性：人的亲社会行为诉求 ……………………… 5

第一章　研究缘起：寻找公共德性——为什么一些人比其他人
　　　　更多助人？ ……………………………………………… 8
　第一节　时代召唤公共德性：城市社区亲社会行为中的公共
　　　　　德性调查 ……………………………………………… 8
　　一、调查设计与发放 ………………………………………… 8
　　二、调查结果与分析 ………………………………………… 10
　第二节　亲社会行为的基本动机：助人动机层次模型 ………… 23
　　一、进化心理学：本能与基因 ……………………………… 23
　　二、社会交换：成本与报酬 ………………………………… 24
　　三、公共德性：助人的内在品质 …………………………… 26
　第三节　公共德性：亲社会行为的价值内核 …………………… 27
　　一、关联与互动：深层解释与外化标志 …………………… 27
　　二、契合与抉择：人与社会的德性契合点 ………………… 29
　　三、预防与维持：防止工具效应影响下亲社会行为的
　　　　异化可能 …………………………………………………… 30

第二章　公共德性的思想界说：代表观点与思想举隅 …… 33
　第一节　西方公共德性思想与观点 …… 33
　　一、群体与个人：自我澄明中蕴含的公共德性旨趣 …… 34
　　二、国权与民权：政治理想中蕴含的公共德性理致 …… 38
　　三、公平与效率：市场经济伦理中蕴含的公共德性意旨 …… 42
　第二节　近代中国公共德性探寻之思想理念 …… 65
　　一、私德与公德：道德转型中的公共德性吁求 …… 66
　　二、引西与济国：道路选择中的公共德性追寻 …… 69
　　三、救亡与启蒙：价值探求中的公共德性追求 …… 70
　　四、历史局限：近代中国公共德性探索的艰难 …… 72
　第三节　马克思主义公共德性思想 …… 72
　　一、公共性：马克思主义意识形态的本体之思与建构之路 …… 72
　　二、马克思主义的公共实践观：实践的公共合理性 …… 76
　　三、马克思主义理论的归宿：实现人的自由全面发展的类生命状态 …… 77
　第四节　公共德性的心理学话语 …… 78
　　一、阿德勒：对公共生活的社会兴趣与心理需求 …… 78
　　二、格式塔心理学：整体大于部分之和 …… 80
　　三、哈特：道德同一性 …… 81

第三章　公共德性的培育思考：怎样增加助人行为？ …… 84
　第一节　公共德性培育何以可能：社会条件和制度安排 …… 85
　　一、制度前提：现代民族国家的建构 …… 85
　　二、政策扶植：权力的"公共性" …… 90
　　三、社会条件：公共实践 …… 98
　　四、符号与传播：象征社会"正能量"的互动 …… 106
　第二节　公共德性的养成性与可教性 …… 110
　　一、生活上的德性涵润：公共德性的养成性 …… 110

二、智力上的德性教学：公共德性的可教性 ………………… 113
　　三、融通：养成性与可教性的关系互动 …………………… 122
第三节　公共德性培育的显性与隐性 …………………………… 124
　　一、"显""隐"观念的理论分化与定位 …………………… 124
　　二、照应：显性与隐性的动态平衡 ………………………… 128
第四节　公共德性培育的现实与媒介 …………………………… 130
　　一、多维棱镜透视：前网络文化阶段与网络文化阶段 …… 130
　　二、耦合：现实与媒介的开放推演 ………………………… 134
第五节　元认知：公共德性培育的有所为而为与无所为而为 …… 137
　　一、公共德性培育"有所为"的逻辑展开 ………………… 137
　　二、公共德性培育"无所为"的境界延拓 ………………… 138

结语 ………………………………………………………………… 141

参考文献 …………………………………………………………… 142

导言　城市社区亲社会行为的形成与发育：引发对公共德性的关注

作为公共德性中最内核的部分,公共精神是对生活在公共空间中的每个个体的价值意识和生命意识的超越性总涉,是孕育于人类公共生活中的个体优良品质的内生能量,具有形而上的抽象意蕴。而从公共德性角度研究城市社区现状不仅可以拓延公共精神的内涵,使对城市社区的研究更有层次感,而且可以从公共德性的导向即亲社会行为出发,使针对城市社区的实证调查更为丰满立体。

一、亲社会行为：为什么人们助人？

社会中时刻发生着各种各样的亲社会行为——小到主动关心别人、分享所得、谦让有限资源,大到打击犯罪、慈善捐助、拯救他人生命等。与现在热议的道德滑坡等情况不同,亲社会行为表现着社会中的善举和积极行为,传递的是社会的"正能量"。

"亲社会行为"一词最早出自美国社会学学者威斯伯(Wisbe)发表于1972年的文章《社会行为的积极形式考察》(*Positive Forms of Social Behavior: An Overview*)。目前,被众多学者接受并广泛引用的亲社会行为定义有如下几种：

(1) 艾森博格(Eisenberg)指出,亲社会行为指向一种倾向于使他人得以受益的自愿行为,[1]如帮助他人、与他人分享、安慰他人等。

---

[1] [美]南茜·艾森博格. 爱心儿童——儿童的亲社会行为研究[M]. 巩毅梅译. 成都：四川教育出版社,2006：3.

(2) 缪森(Mussen)等认为,亲社会行为倾向于助人,或者使某一他人或群体受益,并且行为者本身并不希求获得某种外在的奖励,因此亲社会行为通常需要行为者付出某些代价、作出某些冒险甚至是自我牺牲。①

(3) 拉什顿(Rushton)认为,亲社会行为是指对他人有益的行为,是牺牲自身利益的行为,且并不以此渴求享有任何内部或者外部的奖励,因此也可称为利他行为(altruistic behavior)。②

(4) 罗森汉(Rosenhan)等人将亲社会行为归为两类:一类的行为表现是自发的,其行为动机是关心他人;另一类的行为表现是具有常规性的,其行为动机是获得好处,即希望亲社会行为的发生也能够对自身有利,如可以避免惩罚等。③

(5) 在美国《心理学百科全书》中,亲社会行为意指这样的一些行为反应:行为者自身无明显利益获取,但是对接受者而言却是有益的。④ 这与缪森(Mussen)和拉什顿(Rushton)对亲社会行为的定义较一致,界定都比较严格。

(6) 黄希庭认为,亲社会行为就是一种能够对他人、对社会有益,并带来积极影响的利他行为、助人行为或者其他具有更为广泛意义的行为,如在社会交往中,人们所表现出来的分享、谦让、合作、帮助行为,以及为了他人利益而甚至做出的自我牺牲行为等。⑤

(7) 杨韶刚认为,亲社会行为泛指所有符合社会期望,并且能够对他人、对群体或社会有益的行为。⑥

(8) 寇彧认为,亲社会行为是人们在社会生活中表现出来的积极行为,甚至是为了他人利益而自我牺牲,并有利于社会和谐的行为和趋向,如谦

---

① 张宇.初中生亲社会行为影响因素及学校培养策略研究[D].长春:东北师范大学,2007:1.
② Perner. Understanding the Representational Mind [M]. Cambridge, MA: Bradford Books/MITPress, 1991:24.
③ 迟毓凯.人格与情境启动对亲社会行为的影响[D].上海:华东师范大学,2005:16.
④ 孔令智,汪新建,周晓红.社会心理学新编[M].辽宁:辽宁人民出版社,1987:57.
⑤ 黄希庭.简明心理学辞典[M].合肥:安徽人民出版社,2004:284.
⑥ 杨韶刚.西方道德心理学的新发展[M].上海:上海教育出版社,2007:58.

让、合作、帮助、分享、捐赠等是典型的亲社会行为。①

不同学者从不同侧面、不同角度对亲社会行为提出了不同的解释。本书认为，亲社会行为具有两个基本特质：一是行为的目的必然是对他人、群体或者社会有益的；二是必须是自觉自愿非强迫的行为。

通过上述归纳分析可知，从广义上说，亲社会行为是发生于社会环境中的，符合社会期望的，并且对他人、群体或社会有益的那种自觉自愿的行为。亲社会行为不完全等同于利他行为，事实上，它比利他行为具有更为广泛的内涵。

20世纪60年代，对"利他"和人道主义行为的研究开始萌芽。在一系列公共事件中，人们在危急关头表现出来的冷漠，激发研究者们探究为何在有的情况下人们会对身处困境之人施以援手，而在有的情况下却又表现得那么无动于衷。② 从那时起，人们对亲社会行为的关注越来越多，研究兴趣也越来越高涨。③

但是，说到对自己善心的了解，人们还是不免觉得自己在亲社会行为方面的知识是如此有限。当然，原因之一是20世纪社会科学领域所进行的许多实证研究，都致力于了解反社会行为形成的原因和起作用的因素。通过研究人们的不道德观念与行为，心理学家们试图探明侵犯、冲突、犯罪和偏见等行为的认知与社会基础。与心理学家们对人们负面行为的长期研究相比，他们对分享、合作、利他行为等正面行为研究的历史就要短得多。这种状况的一个主要原因是人们的"猎奇心理"，似乎人们对负面行为的关注总是比对正面行为的关注更多些。尽管几个世纪以前，休谟（Hume）等哲学家就对同情心和亲社会行为产生了兴趣，④但是1970年以前，大多数教育学

---

① 寇彧,王磊.儿童亲社会行为及其干预研究述评[J].心理发展与教育,2003,(4):86.
② Latane, Darley. The Unresponsive Bystander: Why Doesn't He Help? [M]. New York: Appleton, 1970:12.
③ Hoffman. Developmental Syntheses of Affect and Cognition and Its Implications for Altruistic Motivation [J]. Developmental Psychology, 1975,11:607—622.
④ Hume. Enquiries Concerning the Human Understanding an Concerning the Principles of Morals [M]. Oxford: Clarendon Press, 1966:35.

家、心理学家和社会学家研究的主要是攻击性行为、不良行为等负面行为，而不是亲社会行为。正因为抢劫、偷盗、暴力、不诚实等行为具有明显的负面效应，产生偏见、盲目服从权威、恐怖行动、麻木不仁乃至屠杀无辜人群等行为具有显著的恶性影响，所以研究者们致力于了解并减少这些负面行为，这也不足为怪，因为这些行为确实构成了对社会稳定的威胁，理应成为关注的重点。然而，根据人们在社会生活中大量活动及行为发生和发展的经验看，它们与相关的激励有着密切的关联，正面激励（即习惯意义上所称的表扬）能使有机体持续相应的正确行为并明确继续努力的方向，而负向评价（即习惯意义上所称的批评）只能使有机体明白什么事情不能干，什么行为不能继续而必须终止，因而它对提示人们行为的前行目标和方向的作用几乎为零。又如人们在日常生活中体验一些逻辑学的基本意义时认识到，在作事实判断时，存在两种基本的判断方式，即肯定判断和否定判断。任何肯定判断在肯定和确认某个事实的同时，又包含着无数个否定判断，即否认这个判断与无数事实之间的关联；而一个否定判断除了表明它不是指向某个事实之外，不能揭示或明确它究竟是什么的问题。所以，在公共生活不断丰富和充盈的当代，人们除了不能忽视主要起否定性作用的道德批评和道德谴责之外，更应注意道德引导和道德激励，并将关注重点从审视反社会行为转向谋求积极的行为导向和价值推动，给予人们更多的爱心和关心，这样将有助于扩大亲社会行为对人们道德潜能开发的空间。

另一个原因是人类行为的多样性及其背后动机的复杂性，因而研究这些因素的相互影响也更为复杂。在公共生活领域，我们怎么来解释如下的现象：人们对发生在自身周围有些似乎应该触人心绪的事件表现出不予关注、冷漠、无同情心的同时，却对另外一些事物做出了截然相反的道德关注和体恤行为，甚至做出了一些颇具自我牺牲精神的行为？助人的意愿是否是一种缘于基因的基本冲动？有没有纯粹的助人动机？还是仅仅当人们能从中获得某些利益的时候，他们才愿意帮助？是否有类似马斯洛（Maslow）需求层次的助人动机层次呢？能够维持助人行为的持续性的深层动机是什么？

在一些心理学家看来，不少亲社会行为是被这些因素所触发的：物质性回报、希望由此减轻内心的不舒服感觉（如不安、负罪感等）、对社会认可的预期等。① 但是亲社会行为还包括利他行为，包括公共的德性，包括更为纯粹的社会高级动机（如平等、公正、义务、包容、共情等），表现为在公共生活中，纯粹由于对他人的恻隐之心，或者是渴望坚守内心深处的道德准则而激发出来的亲社会行为。这种亲社会行为的确比渴望规避惩罚、得到认可或回报的亲社会行为更为可贵。

这种利他行为或者说共情行为、缘于公共德性的行为，它们所产生的原因，与促使亲社会行为产生的其他原因是有所不同的。因此，了解人们帮助他人的动机，对于我们了解"公共德性"、促进"公共德性"的发育发展和培育具有十分重要的价值。因此，只有当我们了解了人们亲社会行为发生的动机，并弄清楚这些动机是怎么样培养起来的，在各种情形下是如何被激发起来的，我们才能够切中重点、更有针对性地促进人们的善良与爱心。

二、公共德性：人的亲社会行为诉求

人类社会本质上体现为一种公共性的生活样态，对公共性的澄明和守护，是人类社会文明进步的实质和归宿。对公共性的选择性生成、契合性认定、科学性矫正，是对人类社会文明进步的完善和践履。

一方面，就一般理解而言，公共性是现代社会的公共生活和公共实践的产物。也就是说，公共性的价值并不是一开始就被人们所体认和占有的，而是在现代社会的公共生活中不断凝练、培育才逐步被确立和得以彰显的。公共性的确立必须以个体的自觉和自由为前提。在现代社会之前，绝大多数个体是按照常识、经验、习俗和惯例而自发地生存和生活着，这种境况还谈不上真正的公共生活，也就无公共性可言了。只有当个体超越了纯粹的自在自发的生存状态，积极寻求科学的、自觉的精神再生产，并在公共生活中获得认知和情感的满足，以及自我效能的超越时，真正的公共性才会被确

---

① ［美］南茜·艾森博格.爱心儿童——儿童的亲社会行为研究[M].巩毅梅译.成都：四川教育出版社，2006：3.

立起来。这个过程,实质上就是人的亲社会行为的观照历程。

另一方面,也需要看到,公共性的产生绝不是突然冒出来的,而是人类社会活动的内在要求长期积淀和凝练到一定时段和条件下才逐渐显现的,只是最初的这种公共性因素并不被称为"公共性"而已。至于这种一定时段和条件,是随着人的启蒙和人的解放,在出现了公共生活和私人生活的界分后才出现的,也就是说是在出现了以自主、平等为特征的个体后才出现的。更为重要的是,公共性(包括公共德性)的内涵和适用范围是不断变化、丰富和发展的。它本身应该就是这样一个过程,这种过程的开端存在于人们早期社会生活的交往中。原始社会中的原始共产主义可以被看作类似公共德性的早期形态,当时人们都奉行它。但这种所谓的、当时存在的"公共德性"实际上通行(即发生作用)的范围十分狭窄,只是在人数不多的本氏族或本部落中实行,一旦越出这种以血缘关系所维系的族群范围,族群之间就可能为了争夺一块水源或草地而发生大规模的流血争斗,即无所谓"公共性"了。所以说当时也有"公共性",但其内涵与今天所说的公共性之内涵已不可相提并论,但今天的"公共性"可能蕴含着人类早期原始"公共性"当中的某些基因,它们也许就是从那里发育过来的。随着社会发展,人们公共生活的领域不断扩展和深化,于是公共德性的内涵和通行范围也不断拓展,它们的价值也被越来越多的人所认同或赞同。如古希腊的城邦生活,形成了某种城市精神和公共德性,包括古希腊的四大美德,其价值是被人们普遍认同的,尽管"智慧、勇敢、节制、公正"的内涵与今天人们谈论这些词语时所理解的内涵可能有很大的差别,但至少这些概念的外部性是被今人所接纳的。所以,公共德性怎样从古代一步一步地发展过来,不同历史时期又有怎样的特点和作用,实际上是一个需要关注的问题。

由此可见,亲社会行为的构建过程实际上是人类公共性逐渐呈现的过程,它直接推动了人类公共生活的开展和丰富。经济的发展,在相对意义上使人们解脱了来自私人领域事务的束缚,人们开始有条件在从容追求生理需求、安全需求的基础上,谋求社交需求、尊重需求和自我实现的需求,并推动着公共领域与私人领域的分离。以启蒙运动和文艺复兴为先导的资本主义精神文化首先开启了人的自我澄明征程。[①] 于是,以平等、自由、独立为鲜明特征的个体终于出现在历史舞台上,并逐渐步入了由资产阶级革命所开辟和催生的公共生活领域。通过参与公共事务、交往合作、公益行动等,人们不断追求着生活品质的提升。公共性成为人们亲社会行为的主要德性价值诉求和人格特质。承载着公正、平等、包容、共情等价值的公共德性成为有别于传统社会的德性样态。

随着亲社会行为在社会政治、经济、文化、思想等生活领域呈现不断分化和拓展的趋势,对公共德性(如社会秩序、公共美德等)的守护和累积将是亲社会程度可持续发展的关键。因为社会整体中的任何变革,都有可能牵涉各方利益的重新分配和利益格局的重新调整。对社会矛盾和冲突的适度调控,对不同利益诉求的妥善平衡,就需要凝聚人们的思想资源,强化共同的价值观念,培育人们的公共德性。

近代中国的探索之路异常艰难曲折,这与公共德性的缺乏不无关系。在中国的传统中,从"天下为公"以及家族整体利益出发的德性价值取向,被投放到全球化背景下的开放时代,就显得空泛与狭隘了。公共德性是在现代社会公共性彰显的情况下,人们德性的公共运用现实,代表着时代先进文化中被人们认同和恪守的亲社会行为价值诉求,因而不是我们可以回避的。

在当代中国,社会主义市场经济的发展以及城市化进程推动着公共生活领域的扩展和丰富。新出现的公共生活空间急需亲社会行为的支撑和化育,急需共同价值的规导和人们德性的自觉自律,这也在客观上提出了人的亲社会行为形成与发育的诉求——公共德性培育的时代要求。

目前不容忽视的是,中国社会的公共生活领域正在以前所未有的速度扩展,从亲社会行为征象出发对公共德性的价值预设、内涵描述以及实践智慧等进行探究,是本书亟待解决的理论课题和创新需求。探寻公共德性的活动规律,探究关于公共德性的基本问题和范畴体系,也正是对思想政治教育学科理论内涵的丰富和充实。

[①] 刘鑫淼.当代中国公共精神的培育研究[M].北京:人民出版社,2010:2.

第一章 研究缘起：寻找公共德性——为什么一些人比其他人更多助人？

对亲社会行为征象的关注，从以往的研究来看，主要属于社会心理学的研究范畴。然而，亲社会行为发生发展的规律却与德性现象有着千丝万缕的联系，甚至存有相当多的重叠之处。在亲社会行为中，我们通常有这样的疑问：为什么一些人比其他人更多助人？为什么有的人比他们的同伴更具有爱心？等等。因此，本书在对亲社会行为征象的研究中，通过访谈、调查问卷等现实考察，试图探明亲社会行为的动机模型，探讨对公共德性的一些现实思考，并形成关于公共德性的一些初步设想。

其实，詹姆斯(James)的"观念运动行为"观点，早已将对行为的研究价值列数清楚，如个体对行动的思考可以致使冲动的产生，而若这些冲动得以通过个体意识的查核，那么相应的行为便会产生。如此看来，对亲社会行为的研究，是为了促进更多的亲社会行为得以产生、维系，也是为了探寻公共德性的现实境遇，激发、培育源于真正的公共德性支撑的亲社会行为。

第一节 时代召唤公共德性：城市社区亲社会行为中的公共德性调查

一、调查设计与发放

首先，在进行抽样封闭式问卷调查前，开展了访谈和小规模的开放性问卷调查。要求被调查者写出自身对亲社会行为的真实看法和见解。结合访谈,对开放性问卷调查所搜集的问题进行了筛选、分类、补充和归纳整理。

其次,结合佩尔奈·J(Perner J)[①]、曾盼盼[②]等对亲社会行为的研究,以及迟毓凯[③]、寇彧[④]、李谷[⑤]等人所用的相关研究量表条目,在开放性调查结果题项汇总的基础上,拟定出封闭式"亲社会行为"的初测调查问卷题项。

再次,对抽样小范围发放了初测调查问卷。对回收的初测调查问卷采用 SPSS19.0 统计软件进行统计。一方面,统计每个维度(分量表)的 Cronbach's alpha 系数,也就是统计每个单项与其所在的量表总分的相关情况,以此检查量表内部一致性信度,从而删除了一些相关系数低的题项。另一方面,对问卷编订的效度题也进行了检测。

最后,通过反复筛选,形成了"亲社会行为"的封闭式调查问卷,共 46 题。

其一,在构成维度上,主要包括亲社会行为选择、亲社会行为动机、亲社会行为评价三个维度。其中维度一共 16 题,主要调查亲社会行为选择情况;维度二共 13 题,主要调查亲社会行为动机状况;维度三共 15 题,主要调查亲社会行为评价建议;测谎题 2 题,不计分。

其二,在题型分值上,均采用填选题,选取李克特量表(Likert scale)之五点分法,分别赋值 5、4、3、2、1,其中 5 代表很相符(很有效),1 代表很不相符(很不有效)。也就是说,选择的分数愈高,说明表现愈积极,即 1、2 代表否定态度(简称为"不赞同"),3 代表中性态度(简称为"中性"),4、5 代表肯定态度(简称为"赞同")。如某项目平均值为 3,则表明对该项目持中性态度;平均值大于 3,则表明对该项目持肯定态度;平均值小于 3,则表明对该

---

① Perner. Understanding the Representational Mind [M]. Cambridge, MA: Bradford Books/MIT Press, 1991: 11—24.
② 曾盼盼,俞国良,林崇德. 亲社会行为研究的新视角[J]. 教育科学,2011,(1): 21—26.
③ 迟毓凯. 人格与情境启动对亲社会行为的影响[D]. 上海: 华东师范大学,2005: 16—18.
④ 寇彧,张庆鹏. 青少年亲社会行为的概念表征研究[J]. 社会学研究,2006,(5): 169—187.
⑤ 李谷,周晖,丁如一. 道德自我调节对亲社会行为和违规行为的影响[J]. 心理学报,2013,(6): 672—679.

项目持否定态度。

其三,在正反题项上,有反向题1题,需要反向计分。

表1-1 "亲社会行为"问卷题型分布

量表名称		题项
行为选择 (亲社会行为选择)	利他型	1,2,3,4,5,6
	利群型	7,8,9,10,11
	利境型	12,13,14,15,16
价值动机 (亲社会行为动机)	本能与基因	18,19
	成本与报酬	20,21,22,23,24,25
	共情与同理	27,28,29*,30,31
元认知 (亲社会行为评价)	社会条件与政策扶植	32,33,34
	德性养成与生活体验	35,36,37
	智力教学与意义建构	38,39,40,41,42,43
	符号传播与媒介网络	44,45,46
测谎题		17,26

注:*为反向题。

鉴于实践时间和地域等原因,结合访谈与发放问卷的形式,抽样选取了上海20个城市社区的青年开展相关研究。共发放问卷1 000份,回收950份,其中有效卷908份,有效回收率为90.8%,其中男性441份,占48.6%,女性467份,占51.4%;95前青年516份,占56.8%,95后青年392份,占43.2%;独生子女青年588份,占64.8%,非独生子女青年320份,占35.2%;上海籍青年616份,占61.3%,外地籍青年388份,占38.7%。

二、调查结果与分析

采用SPSS19.0统计软件对问卷数据进行统计,采用频数分析法进行调查结果分析。

(一)信度

问卷的信度分析是以同质性信度 Cronbach's alpha 系数来探测问卷的内部一致性程度的。通过 SPSS19.0 统计软件,分析得出总问卷的 α 系数是 0.83,说明问卷的信度符合研究测量的要求。

(二)效度

问卷采取编制效度题(测谎题)的方式来检验问卷的效度。若被测者对两题测谎题均答错,则视该问卷为无效。

(三) 行为选择:利他、利群、利境

表 1-2 亲社会行为选择情况

分维度	项目内容	平均值	不赞同%	中性%	赞同%
利他型	我会安慰失意的朋友	4.35	3.0	9.4	87.6
	我会支持他人的有益行为	4.41	0.4	7.3	92.3
	我会谦让有限资源	3.33	7.6	40.6	51.8
	我会分享自己的经验	4.05	2.2	17.8	80.0
	我会以各种形式帮助他人	3.65	3.0	37.7	59.3
	我会指出和纠正他人的错误行为	3.27	5.8	53.1	41.1
利群型	我关心社会发展	3.43	17.6	30.2	52.2
	我愿意通过合作,加强团队对话与沟通	4.06	2.9	12.0	85.1
	我会参加公益活动	3.50	9.5	24.3	66.2
	我愿意提供志愿服务	3.85	6.2	20.6	73.2
	我会尽我最大可能维护社会秩序和规范	3.67	7.0	37.1	55.9
利境型	我积极践行节能低碳行为	3.65	9.8	32.3	57.9
	我爱惜和珍视不可再生资源	3.78	5.0	31.4	63.6
	我会积极促进生态系统的平衡	3.55	7.6	38.8	53.6
	我注重废旧品的循环利用	3.46	18.1	35.3	46.6
	我爱护公共场所的设施和物品	4.26	1.7	7.3	91.0

图 1-1　亲社会行为选择类型

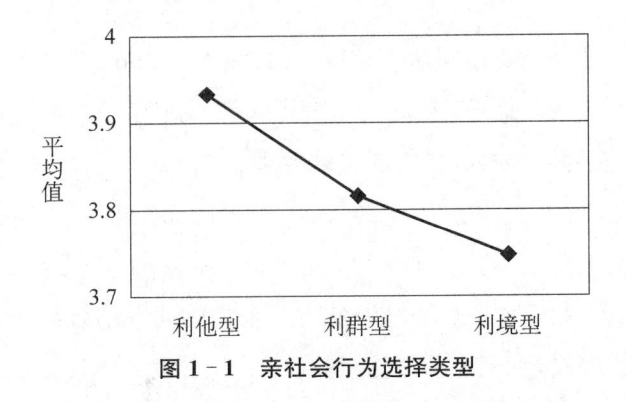

由图 1-1 可以看出，在亲社会行为选择上，各分维度的分值均在中性之上（平均值＞3.0），可见城市社区青年的亲社会行为选择总体上是积极的、正向的。从行为选择类型的程度来看，各分维度的平均值依次为：利他型＞利群型＞利境型，基本呈现为一种阶梯模型。

（四）价值动机：本能与基因、成本与报酬、共情与同理

表 1-3　亲社会行为动机状况

分维度	项目内容	平均值	不赞同%	中性%	赞同%
本能与基因	我一般只帮助自己人	2.57	44.6	35.1	20.3
	在选择帮助对象时，我首先会作亲属选择	3.88	10.8	29.6	59.6
成本与报酬	我帮助别人，是因为渴望得到认可或表扬	2.81	43.5	28.9	27.6
	我帮助别人，是因为借此可以减轻自己内心中的不舒服感觉，如不安、负罪感等	2.35	58.9	20.8	20.3
	我帮助别人，是因为可以规避惩罚	1.78	78.2	16.8	5.0
	我帮助别人，是因为我希望下次当我遇到类似情况时，别人可以同样帮助我	3.85	20.5	20.3	59.2
	我帮助别人，是因为我希望得到回报	2.61	53.5	30.6	15.9
	我觉得唯有利己才能助人，即收获要超过付出	2.22	71.6	18.9	9.5

(续表)

分维度	项 目 内 容	平均值	不赞同%	中性%	赞同%
共情与同理	在他人需要帮助时,我会从他人的角度来看问题,而感同身受地去帮助他	4.11	2.9	18.3	78.8
	我觉得帮助别人是我的责任	3.21	19.6	39.0	41.4
	我觉得我没有义务去帮助别人	2.11	65.9	19.9	14.2
	我觉得助人是一种无私的奉献,而无关乎我可以得到什么	3.76	10.0	23.9	66.1
	从助人有益的角度来说,我觉得助人能帮助人们摆脱忧郁	3.87	5.6	28.5	65.9

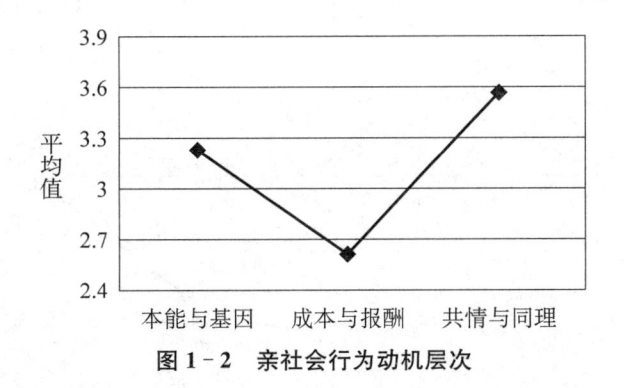

图 1-2 亲社会行为动机层次

　　从调查可以看出,亲社会行为的动机归因主要包括本能与基因、成本与报酬、共情与同理三个层次。各层次的平均值依次为:共情与同理＞本能与基因＞成本与报酬,其中仅成本与报酬的平均值小于中性水平。对于共情与同理的较高认同率,表明在亲社会行为的动机归因中,共情与同理具有更重要的、更上位的价值。由此,可以建构一个关于亲社会行为动机的皇冠模型。皇冠的底座为本能与基因部分,它是整个模型的基础层;中间凹形部分为成本与报酬层,它是连接皇冠底座与冠顶部分的支撑,尽管它代表的平均值相对较低,但也发挥着一定的作用;冠顶部分为共情与同理层,它是皇冠模型中最核心的部分,也是整个皇冠最主要的标志。

图 1-3　亲社会行为动机层次模型

（五）元认知：亲社会行为评价

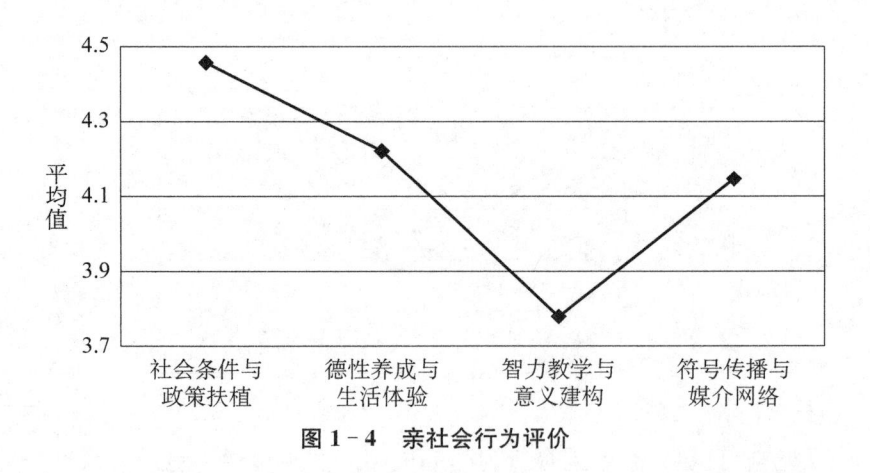

图 1-4　亲社会行为评价

研究发现，可以将对亲社会行为的评价归纳为社会条件与政策扶植、德性养成与生活体验、智力教学与意义建构、符号传播与媒介网络四个方面，且四个方面的维度分值均在中性之上。其中，对社会条件与政策扶植的期待值最高。

表 1-4　亲社会行为评价

分维度	项目内容	平均值	不赞同%	中性%	赞同%
社会条件与政策扶植	支持第三域（如志愿工作、非盈利及非政府组织）的成长与发展	4.55	0.3	8.8	90.9

第一章 研究缘起：寻找公共德性——为什么一些人比其他人更多助人？ / 15

（续表）

分维度	项目内容	平均值	不赞同%	中性%	赞同%
社会条件与政策扶植	确保相关政策制定的公共性与公平性	4.41	1.5	7.1	91.4
	加大相关政策制度的执行力度与监督评估	4.39	0.4	12.7	86.9
德性养成与生活体验	加强理性实践的生活体验与反思	4.12	2.2	18.9	78.9
	增强亲社会行为的自我效能	4.11	1.6	17.3	81.1
	促进理性的知行合一	4.43	0	15.8	84.2
智力教学与意义建构	提供亲社会行为的榜样	4.09	4.3	15.8	79.9
	对亲社会行为进行表扬和奖励	4.17	4.5	12.8	82.7
	开展道德讨论	3.43	15.7	27.6	56.7
	进行移情训练	3.24	14.1	45.5	40.4
	通过隐性教育,潜移默化地促进亲社会行为的自然涵容	4.12	2.3	21.9	75.8
	开展对亲社会行为的元认知教学	3.60	7.8	29.8	62.4
符号传播与媒介网络	促进社会"正能量"的象征意旨与符号互动	4.27	3.7	12.4	83.9
	促进积极道德文化的影响力和覆盖面	4.29	2.1	10.1	87.8
	创设数字化生存的优质环境	3.87	5.1	29.8	65.1

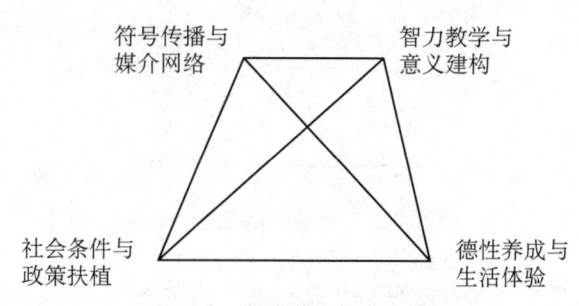

图 1-5 亲社会行为培育模型

若以分值相对较高的社会条件与政策扶植、德性养成与生活体验为翅根,以符号传播与媒介网络、智力教学与意义建构为翼羽,则可以构成一个关于亲社会行为培育的梯形蝴蝶模型。在"翅根"和"翼羽"的共同努力下,亲社会行为培育的"蝴蝶之形"才能飞得愈加稳固,伸得愈加舒展,展得愈加精彩。

(六) 亲社会行为的三角模型

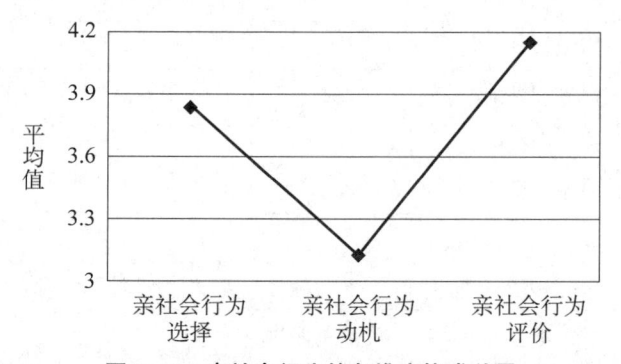

图1-6 亲社会行为的各维度构成差异

城市社区青年对于亲社会行为的总体认知处于中性水平之上。其中,对亲社会行为培育的希求最为迫切,对亲社会行为的选择类型多元、厚实,对亲社会行为的动机归因丰盈、多样。

图1-7 亲社会行为三角模型图

这三个维度之间相互关联,构成一个三角模型结构。三个维度的强度共同决定了亲社会行为的投入情况,只有三个维度均达到正向的、合适的程度,整个三角模型才是最稳固的。缺少任何一个维度,都不能构成一个稳定的平面,顶多只能是两点成线,在这种情况下,对亲社会行为的诠释均是不完整的、不平衡的、不稳定的。

其中,价值动机类似于"发令枪",而行为选择则是让个体"冲了出去",那么客观、积极的元认知就像是"调节器",三者配合,在个体亲社会行为的"征途"中给予实际支持。没有它们,个体就无法真正完成亲社会行为的完整历程。而一个不具备亲社会行为的人,往往会试图主观削弱这三者之间的联系,即为自身亲社会行为的未发生寻找借口。

(七) 性别:差异不显著

表 1-5　男性和女性的独立样本 T 检验分析数据

维度		t	Sig.
亲社会行为选择	利他型	−0.039	0.969
	利群型	−2.368*	0.018
	利境型	−0.149	0.884
亲社会行为动机	本能与基因	1.588	0.120
	成本与报酬	−0.121	0.903
	共情与同理	−2.131*	0.036
亲社会行为评价	社会条件与政策扶植	−2.506*	0.015
	德性养成与生活体验	−1.479	0.141
	智力教学与意义建构	0.956	0.339
	符号传播与媒介网络	−1.477	0.141

注:1. 分组变量:性别。
　　2. *表示达到 0.05(2-tailed)水平时的相关显著程度。

通过独立样本 T 检验法(Independent-samples T Test),以了解统计意义上亲社会行为的性别差异程度。调查发现男性和女性的亲社会行为差异不是都显著,其中女性在亲社会行为的利群型选择倾向,亲社会行为动机的共情与同理价值归因,以及亲社会行为培育的社会条件与政策扶植认知上的平均值(Sig.＜0.05,即 P＜0.05)均显著高于男性。在亲社会行为的其他维度上,男性和女性存在不显著的差异。

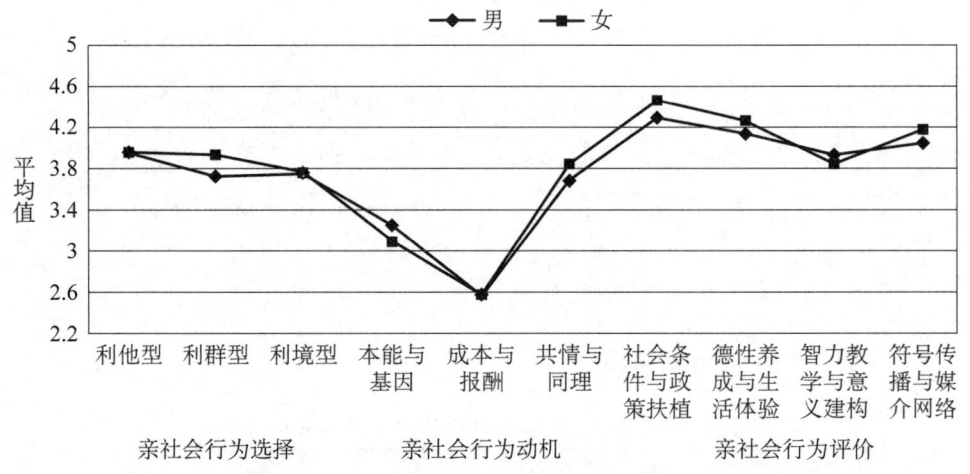

图 1-8 不同性别城市社区青年的亲社会行为差异

就图 1-8 中两条曲线在各维度上的表现而言,男性和女性的亲社会行为确实存在一些差异。除了在亲社会行为动机的本能与基因价值归因,以及亲社会行为培育的智力教学与意义建构认知上的平均值,出现男性略高于女性的情况外,其他各项的平均值均为女性相对较高些。可以认为这与女性与生俱来的缜密、细腻性格有着紧密关系。相对于男性,女性往往具有更强的行为认同感与社会心理归因,表现为更积极的培育期待与社会价值取向,在社会生活中表露出来的分享、安慰、互助、支持、合作等有益行为也更为明显。

(八) 年龄: 差异不显著

表 1-6　95 前与 95 后城市社区青年的独立样本 T 检验分析数据

类　　型		t	Sig.
亲社会行为选择	利他型	2.355*	0.021
	利群型	3.447**	0.001
	利境型	2.926**	0.005

(续表)

类 型		t	Sig.
亲社会行为动机	本能与基因	−2.115*	0.037
	成本与报酬	−1.621	0.108
	共情与同理	1.775	0.079
亲社会行为评价	社会条件与政策扶植	0.214	0.830
	德性养成与生活体验	1.199	0.231
	智力教学与意义建构	1.678	0.094
	符号传播与媒介网络	3.068**	0.002

注：1. 分组变量：出生年份。
2. *表示达到 0.05(2-tailed)水平时的相关显著程度；**表示达到 0.01(2-tailed)水平时的相关显著程度。

选用独立样本 T 检验法，以了解统计意义上亲社会行为的年龄差异程度。调查发现 95 前与 95 后城市社区青年的亲社会行为差异不是都显著。在亲社会行为选择上，以及亲社会行为培育的符号传播与媒介网络上，95 前城市社区青年的平均值(Sig.＜0.05，即 P＜0.05)要显著高于 95 后。而在亲社会行为动机的本能与基因价值归因上，95 后城市社区青年的平均值却又显著高于 95 前。在亲社会行为的其他维度上，两者存在不显著的差异。

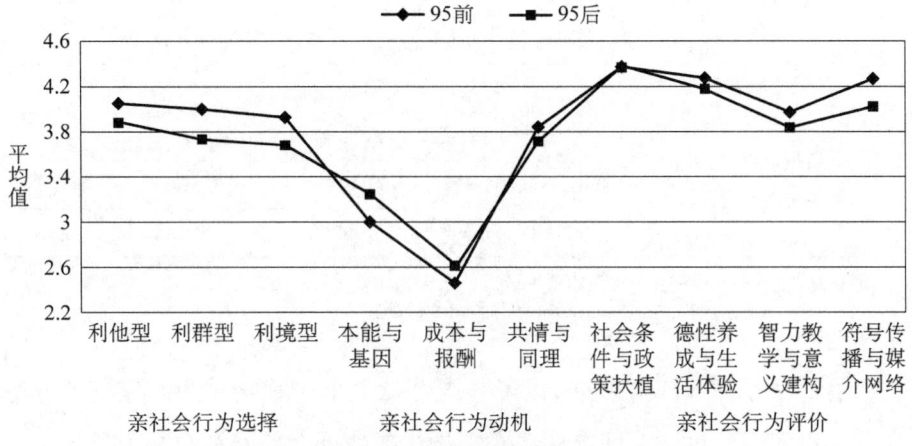

图 1-9 不同出生年份青年的亲社会行为差异

从图 1-9 可以看出，两条曲线在各维度上的表现确实存在一些差异。在亲社会行为选择和亲社会行为评价的各维度，以及亲社会行为动机的共情与同理层面，95 前城市社区青年的平均值均比 95 后要高；仅在亲社会行为动机的本能与基因、成本与报酬层面，95 后城市社区青年的平均值是高于 95 前的。可以认为这是因为 95 前城市社区青年相比于 95 后更为成熟，对亲社会行为的思考更为全面，元认知发展也更为完善。而 95 后城市社区青年对于亲社会行为的价值归因相对更加实际，更加注重现实回报，更加侧重于亲缘选择、社会交换的动因驱动。

（九）家庭：差异不显著

表 1-7 独生子女与非独生子女青年的独立样本 T 检验分析数据

类	型	t	Sig.
亲社会行为选择	利他型	−1.417	0.156
	利群型	−2.460*	0.016
	利境型	−1.028	0.306
亲社会行为动机	本能与基因	0.803	0.424
	成本与报酬	0.458	0.646
	共情与同理	−0.362	0.719
亲社会行为评价	社会条件与政策扶植	−1.013	0.314
	德性养成与生活体验	−2.077*	0.038
	智力教学与意义建构	−1.301	0.197
	符号传播与媒介网络	−1.164	0.245

注：1. 分组变量：独生子女与非独生子女。
　　2. *表示达到 0.05(2-tailed)水平时的相关显著程度。

借助独立样本 T 检验法，以了解统计意义上亲社会行为的家庭差异程度。调查发现独生子女城市社区青年与非独生子女的亲社会行为差异不是都显著。其中，非独生子女城市社区青年的利群型亲社会行为选择，以及对亲社会行为培育的德性养成与生活体验认知的平均值（Sig.＜0.05，即 P＜0.05）要显著高于独生子女。在亲社会行为的其他维度上，他们存在不显著的差异。

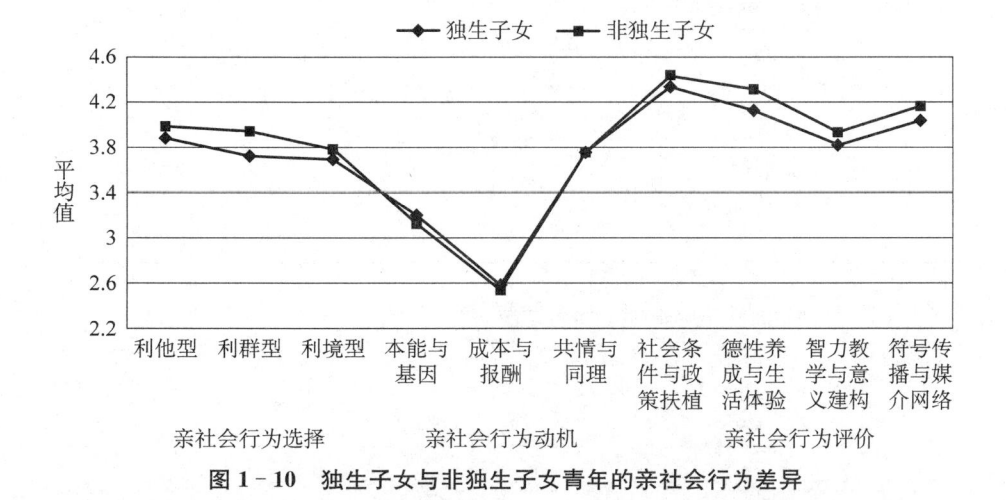

图 1-10　独生子女与非独生子女青年的亲社会行为差异

就图 1-10 两条曲线在各维度的差异而言，总体上非独生子女城市社区青年的平均值要略高于独生子女。可以认为这是由于在家庭中，非独生子女城市社区青年受到的来自父母亲人的关注往往没有独生子女那么强，其家庭优越感也往往没有表现得特别明显，他们对人际之间的关系互动有一定的家庭体味，对自他联系也有一定的社会认同基础，因此对亲社会行为的认知、判断和外化表现也就更为积极一些。

（十）地域：不存在太大落差

表 1-8　上海籍与外地籍青年的独立样本 T 检验分析数据

类　　型		t	Sig.
亲社会行为选择	利他型	0.591	0.555
	利群型	−1.627	0.104
	利境型	−0.174	0.862

(续表)

类　　型		t	Sig.
亲社会行为动机	本能与基因	4.162**	0.000
	成本与报酬	−1.808	0.071
	共情与同理	1.345	0.179
亲社会行为评价	社会条件与政策扶植	0.160	0.873
	德性养成与生活体验	−1.285	0.199
	智力教学与意义建构	−3.862**	0.000
	符号传播与媒介网络	0.812	0.417

注：1. 分组变量：地域。
　　2. ** 表示达到 0.01(2-tailed)水平时的相关显著程度。

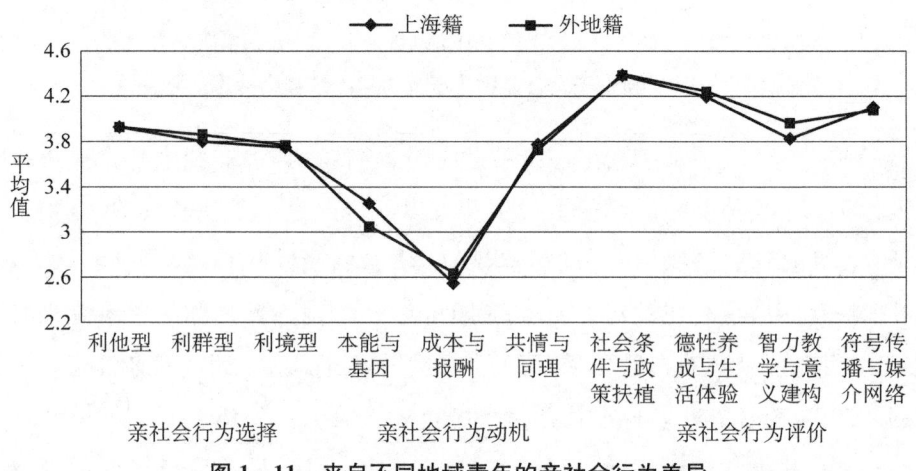

图 1-11　来自不同地域青年的亲社会行为差异

从图 1-11 中可以看出，在不同地域的分组差异上，两条曲线的走势总体一致。仅在图中的两处，两者出现一些明显的区分。一是在亲社会行为动机的本能与基因层面，上海籍青年的平均值较明显地高于外地籍青年，可以认为这是由于来自外地的青年的社会关系相对比较简单、朴实，而来自上海的青年更为看重家庭社会关系对于自身发展的影响，因此在亲社会行为的动机归因中也更加注重本能与基因层面的价值归因。二是在亲社会行为培育的智力教学与意义建构方面，来自外地的青年的平均值要高于上海籍青年,这与外地籍青年对于教育的接受度和接触面有一定关系。相对于上海籍青年而言,来自外地的青年除了接受学校教育外,接触其他教育教学的途径相对较少,因此也更为重视智力教学在亲社会行为培育中的构建意义。但是总体上,从图中各维度的表现来看,上海籍青年与外地籍青年的亲社会行为选择、价值动机和元认知基本相近,不存在太大落差。

第二节 亲社会行为的基本动机:助人动机层次模型

任何一项社会行动,通常都是由各种因素所决定的,亲社会行为也是如此。那么,人们亲社会程度的差别是遗传的结果还是后天教育造成的,或者两者兼而有之?其实,对助人行为的价值判断,就是在不同因素综合影响下的价值判断。本节将结合问卷调查、访谈,以及对具体事件的研究,以助人动机层次的皇冠模型,来揭示公共德性与亲社会行为种种诉求之间的内在联系。

一、进化心理学:本能与基因

首先,何为进化心理学?达尔文的进化理论主张,自然选择偏爱于那些能够促进个体生存的基因。[1] 也就是说,那些能够促进个体生存、增加个体产生后代可能性的基因,能够被一代代地遗传下来。而那些降低个体生存机会、减少个体产生后代可能性的基因,能够被遗传下来的可能性就较小。进化心理学,就是源于"自然选择"原理,通过基因的进化传递因素以解释社会行为的。进化理论告诉我们,在人类进化过程中,最高的目标就是要保证自身的生存,那为何还有人愿意去帮助别人,有时候甚至还会为此付出一些代价呢?在进化心理学看来,这只不过是本能与基因遗传的结果,主要包括两个方面:一方面,亲缘选择。亲社会行为的发生,是由于人之自然选择倾

---

[1] [英]达尔文·物种起源(修订版)[M].周建人,叶笃庄,方宗熙译.北京:商务印书馆,1995:94—149.

向于帮助一个在遗传基因上与其有着亲密关系的人。这与中国传统的家庭结构伦理有关,也与中国文化传统中重亲族血脉之关联与延续有关,这也较好地解释了为何在调查问卷中会出现助人动机的平均值"本能与基因"高于"成本与报酬"的情形。因为,确保那个人(那些人)的生存,将有助于个体自身基因在未来的世代中有更大的机会得以繁荣。就亲缘选择来看,亲社会行为就是人类欲以确保自身基因生存传递的方式而去助人的行为。另一方面,社会规则选择。一个具有高度适应性的个体是愿意从其他社会成员处学习习俗和社会规则的,而且也学得较好。因为生活经验告诉他们,这样做将使自身更具备生存优势。经由自然选择,这种学习社会规则的能力也已成为人类基因的组成部分。这种能力就包括亲社会行为的能力。

其次,进化心理学认为,要理解人的心理机制,关键就在于要了解过去。在这个过程中,强调的就是人之心理现象的起源与适应性。这个"过去"不仅在人的生存策略与人的身体本身方面留下了深刻的烙印,而且也在人的交往策略与人的心理棱镜上刻下了很深的印记,成为探索亲社会行为心理机制的基础。

再次,亲社会行为乃人的心理机制与环境互动的结果。进化心理学认为心理机制对社会环境具有高度的敏感性,同时社会环境也影响着亲社会行为心理机制的表达方式、频率和强度。

最后,进化理论在对亲社会行为作出解释时,尚属于整个助人动机层次模型的基础层,属于亲社会行为动机皇冠模型的底座部分,因此在解释一些非亲属、非社会规则选择时,会略显牵强。如对于那些超出亲属、朋友、师友等范围的"陌生人",之前可能出现的理解、尊重、关爱和宽容等,则可能呈现为另外一种行为趋向,并且伴随着这种陌生度的加深而逐渐呈现出下降态势。

二、社会交换:成本与报酬

首先,社会交换理论认为,人类绝大多数行为的目的,都是希求能够以最小的代价换得最大的回报。在市场经济行为中,使金钱收益与付出的比率能够最大化，便是人们的追逐目标；在人与人的社会关系中，使社会回报与社会付出的比率能够最大化，便也成了社会交换理论的核心观点。由此，亲社会行为的根本目的，就是期冀以更少的成本与付出换取更大的现实报酬与潜在回报。

其次，社会交换理论的核心，即为工具理性。在霍曼斯（Homans）看来，人类行为就是表现为个体之间进行的报酬与惩罚的交换，其核心乃工具理性。[①] 这是因为，环境往往是被那些彼此差不多的行动者所占据着，而每个个体都在力图调节、控制自身所处的情境，从而使自身利益得以最大化。追求报酬，规避惩罚，限制价值的时效性，强化情境原则，强调边际效应规律等，共同构成了社会交换理论的主要主张，以此对人与人之间的互动交换行为、对社会结构作出解释。一方面，霍曼斯指出，对投资与利润，以及成本与报酬的具体分配比作出判断是极其重要的，而这取决于个体的客观经验，以及对比较群体的认同。同时，亲社会行为的发生还会受到来自舆论的影响与外在道德的约束，而表现为一种利弊度量后的选择，有时候并不是源于内心的共情驱动，而显示为一种被迫之举。另一方面，对社会结构而言，由于一部分人司掌着一些为他人急需而又特殊的自愿，方才被赋予了较高的地位，因此社会分层体系便也继而产生。可见，霍曼斯按照理性选择原则来解释的人际交换行为，是一种带有经济学思维的理想化模型。

再次，社会交换的实质，乃为利己。一方面，在亲社会行为中，这种利己往往并不外显，而是维持在一个较为内隐的水平，记录着社会关系中的成本与回馈。此时，助人似乎成了一种投资，我们期许在未来的某一天，受助者能够在需要的时候给予我们回报。换言之，助人意味着将增加日后得到受助者回报的可能性。而这种回报方式是多种多样的，如获得实实在在的帮助、得到社会赞许、减轻个体苦恼、增强自我价值感等。另一方面，由社会交换决定的亲社会行为是不稳定的。因为若助人的成本过高、消耗时间过多，或者为自身带来不必要的麻烦与苦楚，甚至有将自身置于险境之危机时，亲

[①] 侯均生. 国外社会学理论[M]. 天津：南开大学出版社，2001：198.

社会行为的发生便会自然减少。因而社会交换理论认为,只有当收益大于付出,当利己大于利他时,亲社会行为才得以形成、发展。

最后,人类亲社会行为的背后,难道除了利己目标外,就没有其他了吗?在社会交换理论看来,在利己的同时,若也能利他,为受助者带来益处,从某种意义上来说,这便是对受助者与助人者的双重回报,也是一种互惠规则的体现。这与早先费尔巴哈的"合理利己主义"十分相似。在费尔巴哈看来,道德是利己的,是以幸福为目的的,这种利己主义是人的本性,也是道德的基础与源泉。纵然,利己主义是"祸患的原因",然则也是一切"良善的原因",那是因为若不是利己主义,农业、商业、科学与艺术又是由什么东西产生出来的呢?[①] 由此,他认为这种合理利己主义是善的、具有同情心的、克制自己的、普遍的利己主义,是在关爱他人中寻求自我满足的利己主义。因此,费尔巴哈的合理利己主义的"合理性",表现之一就是他的"共同幸福观",即强调个人在追求自身幸福的同时,也要兼顾他人的幸福。

由此看来,从成本与报酬这个动机层面而言,亲社会行为的发生是缘于一种外部诱因,是一种对于成本与报酬的权衡,并且在不断的外部强化中,提高着个体的社交能力和自我维护能力。

三、公共德性:助人的内在品质

一方面,这种共情与同理是对亲社会行为达致共识的表现。无论是对熟人还是陌生人,公共德性作为一种内在的优良品质,将成为人际之间彼此行为"可预期性"的信任基础。这种内在品质表现为一种设身处地,一种换位思考,一种感同身受,一种将心比心。倘若共同体中愈来愈多的人具备这种优良品质,认同这种亲社会行为,那么由此便会形成一种相互默会的"共同感知",乃至"公共意识""公共参与""公共关怀""公共话语"系统等。这便成了公共生活魅力之所在,也是现代社会超越熟人世界的价值的充分展现。

---

① [德]费尔巴哈·费尔巴哈哲学著作选集(下卷)[M].荣震华,王太庆,刘磊译.北京:商务印书馆,1984:806.

另一方面,在具体表达方式上,这种助人的内在品质是可以通过社会学习习得的。班杜拉(Bandura)指出,人们行为的发生有时是出于直接强化的结果,但替代性强化与自我强化的作用往往更大。替代性强化意指个体通过观察榜样受到强化而间接受到了强化。[①] 如一个好于助人的旁观者可起到社会模范的作用,也就是可以使其他旁观者能够积极投入亲社会行为之中。而自我强化意指当社会向个体传递某种行为标准时,若个体的行为表现符合这一标准,甚至超越其时,对自身的行为进行自我奖励就是一种自我强化。可见,自我强化乃依托社会传递之结果。通过社会学习理论对于观察与模仿的描述,对于注意、保持、复现等过程的肯认可知,个体在榜样选择与群体选择中,产生共情与同理,使其亲社会行为得以因强化而重复,并逐渐成为习惯。

第三节 公共德性:亲社会行为的价值内核

一、关联与互动:深层解释与外化标志

公共德性与亲社会行为的内在关联与互动,主要表现在两个方面:

一方面,公共德性是对亲社会行为的一种深层解释。首先,公共德性是驱动亲社会行为发生的核心力量。尽管亲社会行为在具体形态和表现方式上各有不同,但内藏于其中并持久发挥核心作用的乃公共德性。因为它反映着社会主体的需求与利益,体现着他们的共同追求,并渗透在亲社会行为的各种形态之中。

其次,公共德性是亲社会行为得以扩展的最主要归因。在公共生活中,个体以一种发自内心的德性要求,基于来自自身内在的优良品质,并且在对它的自发自为的长期实践中,潜移默化地导向为一种自创自觉的亲社会行为。因此,在现实行为表现上,如何培育、阐发个体的公共德性,对于亲社会

---

① [美]班杜拉.社会学习心理学[M].郭占基,周国韬等译.长春:吉林教育出版社,1988:25.

行为的扩展和倡扬发挥着主要的、关键的作用。

最后，公共德性的丰富内涵是对亲社会行为维系的深层次、全方位诠释。无论是公共德性的群己张力"私与公"、内外张力"利己与利他"，还是其知行张力"认知与行为"，都是对亲社会行为的客观解读与释惑，是对现实生活中人们呼之欲出的助人行为的深层释义与酌量。

另一方面，亲社会行为是公共德性外化的主要场域和标志。首先，亲社会行为是公共德性的主要外在表现形式。一般而言，对人的第一印象往往取决于其外显的言谈与举止。无论是利他行为、利群行为，还是利境行为，亲社会行为给人的感觉相对直观形象，直接体现于人们社会生活的方方面面，展现于人们积极参与的社会活动中。个体的优良品质需要通过这些外显表现来反映、来描绘、来证实。

其次，公共德性帮助人们确立"亲社会"的公共生活目标和标识。在社会生活中，个体不仅需要自爱，给予自身关怀与包容，还需要将公共德性外显，需要将关怀与包容也给予他人、他境，需要有对亲社会行为的确认，并在他人、他境的反馈中进一步深化自身的亲社会行为，这是个体公共生活的主要目标之一。因此，公共德性作为个体的优良品质，其外化的主要标志就是亲社会行为，而且个体所具备的德性自觉高度愈高，其亲社会行为的表现性就愈强。无论亲社会行为是何种表现形式，在公共德性的支撑下，亦是行为愈加丰润，表现愈加饱满，所以说，"亲社会"乃公共德性外化的主要标识。

最后，亲社会行为是公共德性的主要传播方式。公共德性的传递需要借助亲社会行为这种外化样式。也就是说，人与人之间，通过各种有意义的"亲社会"符号，传递着、接受着德性理念，调节着对德性价值的认识。在动态的亲社会行为中，静态的公共德性得以彼此传达、互相感知，并能够在共同体中共享共进。亲社会行为是公共德性能够在时空上得以保存的手段，呈现的是公共德性这种抽象内容的传递过程，更是一种变独有为共有、由此及彼的公共德性传递与转达过程的体现。

二、契合与抉择：人与社会的德性契合点

首先，公共德性决定着个体间独立自主又同契互促的相互关系，成为亲社会行为发生的动力源。其中，独立性、自主性是亲社会行为发生的起点与前提。因为只有独立的个体，在自主意识的驱动下，才能够自主实践助人的方式，自主选择助人的对象和工具。同时，公共德性促使公共生活中的个体彼此认同、平等互助，没有丝毫的"从属于谁"的意味，也不带有片刻的"强制"的助人意象。这是一种承认他人主体地位，又被他人所承认的互动关系；也是一种尊重他人生命价值，又被他人所尊重的关照境况。

其次，公共德性明确了个体在社会生活中的"公共"维度价值，指向个体对于他人和社会的担当。公共德性引导人们关注公共生活空间，参与公共活动实践，对公共事务有积极的作为。也就是说，公共德性指引人们走出私人空间，在现代公共世界中，获得人格发展和品质提升的公共美德和公共幸福，这既是个体权责一致的社会生存需要，也是其自身发展和自我实现的需要。

再次，公共德性决定着行为的"亲社会"态度和选择。公共德性的价值维度包括正义、平等、责任、公开、透明等契约品质，规范、共和、自治、自愿、生态等秩序品质，以及宽容、共情、感恩、礼让、互助等包容品质。这些价值维度是开放的、不断充盈的，是一个具有优良品质之人所需涵摄的，也是一个良善社会建构所必需的、所依仗的。所以说，公共德性体现的就是人与社会的德性契合。

最后，对公共德性的实践促成了亲社会行为形成的德性氛围。其一，这种德性氛围的形成，需要以个体间的稳定的信任为依托，而对公共德性图景要素中的契约品质的实践，就是建立在个体间的相互信任基础之上的，是对彼此间契约行为的逻辑展开。因此，这种契约品质，作为最基本的公共德性，是一种刚性的品质体现，孕育着亲社会行为所需要的公正与信诺氛围。一旦其荒疏了，彼此间的信任就会发生断裂，亲社会行为的公共德性内涵就会发生消解，亲社会行为也就随之终止了。其二，德性氛围的形成，还需要

以个体间的稳定的秩序品质为支撑。作为公共德性中的最重要的品质,秩序是人与人之间亲社会性的重要联结模式,是一种中和的品质展现,它的激发与稳定将推动亲社会行为的平序发生与发展。也就是说,公共德性中的秩序品质有助于催生亲社会行为所需要的合作与活力氛围,并且在内容与价值上作用于亲社会行为形成的机制。其三,个体的包容品质也促进着这种德性氛围的产生与维系。包容是公共德性中最尊贵的品质,是人与人之间亲社会性的尊贵情感体式,是一种柔性的品质呈现,涵养着亲社会行为所需要的相容与度己氛围,对它的践行是亲社会行为不断完善、不断升华的需要。

三、预防与维持:防止工具效应影响下亲社会行为的异化可能

首先,公共德性解决"私德"指向下亲社会行为生成的难题。从一个角度来说,"私德"指向下,亲社会行为的生成存在现实障碍。亲社会行为的伦理特质,决定了其在生成过程中个体的德性具有不可忽视的价值。但是,德性存有不同的样态,如私德主要作用于私人领域,守护着私人关系,并且在中国古代社会中曾发挥过至关重要的作用,以"仁义礼智信"为核心的伦理运作模式为甚。这种核心伦理造就了中国古代家国同构的社会结构,从氏族制到宗族制,无不如是;而这种私德伦理的延伸也造就了现代社会中"熟人论道德,陌生人显冷漠"的社会现象。在现代公共生活中,以私德介入公共空间,处理公共事务,如公共权力独占世袭、个人行为受到严格监控等,显然违背了公共德性"公共性"的基本价值,使得亲社会行为无法萌生。

从另一个角度来说,公共德性从公共生活目标和公共利益出发,以公共善为核心,以公共关怀为精髓,导向的就是行为的亲社会性。公共德性既具有一定的共性,又体现着不同民族和时代的特征,所以它实际上反映着共同体的共识与诉求,维护着公共空间中的互动关系。所以,对公共德性的培育和坚持,可以预防私德侵入公共领域。可以说,公共德性是亲社会行为生成的重要德性资源和德性选择,这不仅是亲社会行为生发的需要,更是亲社会行为自身发展的合理德性支柱。

其次,公共德性可以预防工具效应下亲社会行为的异化。亲社会行为的培育与倡扬,既需要发挥其在公共生活中的价值效应,又不可忽视这种行为成长的工具性需要。亲社会行为构筑的工具性需要,主要体现在其动机层次模型中的成本与报酬部分,表现为一种基于社会交换思维的工具理性。当然,这种动机具有激发亲社会行为的现实作用,但是若这种动机成为唯一的、仅存于个体中借以引起亲社会行为的实质驱动力,抑或是这种动机先于其他任何动机而具有无限至上性,亲社会行为的工具效应就不可避免地产生了,亲社会行为的异化也就随之而生了。在这种情况下,获取回报、得到显而易见的好处,成了亲社会行为可以发生的唯一衡量标尺,亲社会行为已俨然成了一种工具,一种为自身带来实实在在利益、真真切切甜头的工具。利波维茨基(Lipowiczki)曾论及当时法国社会的慈善事业与志愿服务需要借助媒体宣传的情况,认为"娱乐明星、摇滚乐娱乐、感化、动员人们参与慈善与奉献,而苦难却成为了人们消遣的理由"[1]。在他看来,经过大众文化的包装,极端享乐主义披上了道德的外衣,带来了一场"道德联欢"。因此,加强对助人动机层次中最重要的共情与同理部分的把握,强调个体融入公共生活、践履公共善的优良品质,强化对公共德性的培育,可以遏制亲社会行为异化发展的可能,防止并抗御工具效应下出现个体行为的反社会性,避免个体行为走向自我的反面。

最后,公共德性是亲社会行为持续健康发展的价值内核。一方面,健康发展是亲社会行为发展的目标之一。在这里,亲社会行为的健康发展象征着一种开放与共享的发展理念,摒弃的是那种传统私人领域道德观对公共生活的框囿,抛开的是那些狭隘的纯粹利己主义与伪装的唯图回报的绝对地位。在公共德性的图景要素中,正是以契约品质消释着暴戾,以秩序品质将恣肆返正,以包容品质涵养着摈斥,使得亲社会行为得以健康的发展。

---

[1] [法]利波维茨基.责任的落寞——新民主时期的无痛伦理观[M].倪复生,方仁杰译.北京:中国人民大学出版社,2007:130.

另一方面,可持续性也是亲社会行为发展的重要目标和方向。在公共生活中,尽管每个人对外界的感知程度不同,但是作为助人的内在品质,公共德性是相对稳定的、持久的。也就是说,相对于助人的本能与基因动机、成本与报酬内心动力而言,这种助人的内在品质更具有普遍性意义。只是在不同的境况下,表现出来的强度和倾向度略有差异。因此,公共德性能守护和维系亲社会行为的永续展开与持久稳定,对公共德性的培育是亲社会行为持续发展的内在基础与本质要求。

第二章 公共德性的思想界说：代表观点与思想举隅

在对公共德性的现实拷问中，我们探得作为亲社会行为价值内核的公共德性的现实效力与现存需要。那么，究竟如何理解"公共德性"？其实，"公共德性"不但具有丰富的理论涵旨，其本身更具有一定的历史厚重感。因为，人类史的德性次生物就是关于公共德性的"思想史"。在对公共德性研究的"思想史"上，又有哪些人对其进行过讨论与解读？形成过哪些相关的观点？其实，许多卓有洞察能力与思维力量的学者，曾以不同的视角与方法，从不同的方面，记述、解释过他们曾经面对的公共德性问题。其中，他们又始终将公共德性中的私与公、群与独、己与他等关系作为中心环节，去拓展他们的解释、展开他们的讨论。这不仅是学者们的智慧与致思品格的展现，也是对公共德性本然的、实实在在的客观认识的逻辑展开。

因此，本章将从文艺复兴到中国新文化运动，尤其是在马克思主义经典著作中，对促进公共德性产生与发展的一些代表观点与思想举隅进行探讨，探讨公共德性发生的源头思想，以及这些思想是如何被强化的，以济中国公共德性思想之乏，为公共德性的培育提供思想支撑。

第一节 西方公共德性思想与观点

从西方社会的发展来看，在政治方面的自由主义民主，在经济方面的资本主义市场经济，在文化方面的以功利主义形式表现的理性主义和以个人主义形式表现的人道主义，是其现代发展的三大理论来源。它们分别反映着西方社会的三重理想,一是从神的秩序对人之控制中解放出来,二是从自然对人之束缚中解脱出来,三是从人对人之压迫中解救出来。然而,其背后的价值关怀与德性特质是一种以公共性的实现为旨趣的思想。本节将从个人价值、政治理想、市场经济各维度中蕴含的公共性价值,即从群体与个人的关系、国权与民权的关系、公平与效率的关系中,探寻西方公共德性思想是如何孕育和安顿的。

一、群体与个人:自我澄明中蕴含的公共德性旨趣

个体主体性与自我意识的生成是个体自我澄明的本质规定。在这之前的经验文化模式下,人类表现出的是一种具有依附性、自发性的生存状态;只有当人类超越了纯粹的自生自发之生活视阈,与自觉的类本质对象发生关联时,人类才呈现出自由、独立、个性等生存特质和价值规定,并不断瓦解传统社会的人的生活方式和交往方式,生发出人本化的德性形态。

人的自我澄明是启蒙运动的必然选择与首要使命。启蒙运动是18世纪欧洲思想的主流,是资产阶级继文艺复兴后进行的第二次反教会神权与封建专制的文化运动。可以说,它是文艺复兴运动的继承与发展,所以,广义的启蒙运动是从文艺复兴开始的。

(一) 彼特拉克:凡人的幸福——主体脱离神权之束缚

彼特拉克被誉为文艺复兴之父、第一个人文主义者。

如果将欧洲中世纪的文明特征概括为对人的欲望及人的思想之束缚,那么文艺复兴运动就是西方历史上首次重要的思想解放运动。此次思想解放运动的一个主要表现,即为一大批思想精英对"凡人幸福"的肯定与颂扬。就像恩格斯所说的,这是人类过去从来没有经历过的一次"最进步的""最伟大的"变革,是一个需要"巨人"且也产生了"巨人"的时代。[①] 这些"巨人们"

[①] 马克思恩格斯选集(第4卷)[M].中共中央马克思恩格斯列宁斯大林著作编译局编译.北京:人民出版社,1995:261—262.

把炮火对准了压抑人性的统治机构和宗教权威,高调倡扬人的价值和尊严,肯定人的此岸世界与现世幸福。但丁曾说过,人之高贵,就在于其许许多多的成果,这种高贵超过了"天使的高贵"。①

基督教代言人奥古斯丁曾对世俗幸福加以怒斥:蒙住了眼睛的人啊,你看不出这是多么地愚蠢!你将你的灵魂屈服于欲望的勾引和尘世的诱惑!你离开了对神圣天父的挚爱与虔敬,这是一条多么错误的道路啊!对此,彼特拉克指出,我不想成为上帝,我不想居住在"永恒"之中,我不想把天地抱在怀里。因为,属于人的那种光荣对我而言足矣。这是我所祈盼的一切。我是凡人,我只要求"凡人的幸福"。②

文艺复兴中"此岸的""世俗的""感性的"快乐为人类开辟出一条通往凡人自由的道路,也为凡人打开了一扇通往成为宇宙万物的主体的大门。其意义就在于,使人脱离了对神权和王权的仰仗,为构建一个属于人的公共世界创造了必要的前提和条件。

(二) 笛卡尔:我思故我在——主体之思

当笛卡尔宣布"我思故我在"的时候,也就是宣告着西方主体性时代的到来。笛卡尔认为,一切都是可以被怀疑的,但是有一件事却是不可怀疑的,那就是"我怀疑",也即"我思想"。③ 一个在思想的"我",就是存在着的"思想者",其本质就是"思想",或称为"灵魂",它是认识的主体。"我思故我在"是笛卡尔全部哲学的第一原理。

但是,在笛卡尔看来,世界上存在着物体和灵魂这两个彼此相对独立的实体,物体的属性是广延,灵魂的属性是思想。因此笛卡尔哲学是二元论的理论架构,这使得他的主体性概念存在诸多问题。

---

① [意]但丁. 论世界帝国[M]. 朱虹译. 北京:商务印书馆,1979:2.
② [意]彼得拉克. 秘密[A]. 北京大学西语系编. 从文艺复兴到十九世纪资产阶级文学家艺术家有关人道主义人性论言论选辑[M]. 北京:商务印书馆,1971:11.
③ Cottinghan, Stoothoff, Murdoch. The Philosophical Writings of Descartes [M]. Cambridge: Cambridge University Press, 1985:17.

莱布尼茨和休谟分别从两个不同角度对人之主体性进行过改造与重建。但真正完成对主体性内涵阐释的是康德和黑格尔。主体性原则是以人的自我意识和自我觉醒为前提的，它把人理解为能动的、能按照理性原则不断反思自己的一个存在者，能够反思与人之生存相关的根本性论题，进而不断地为自己创造出更加适合生存的、且比现状更加美好的生活世界。[1] 同时在哲学方法论上，它反对以机械论方式去解释人之本性，反对以神之意志去阐释人的存在。这意味着人不必再遵照神的旨意去办事，人不再是上帝面前的被任意呼来唤去的一棵草芥，而是一个有着鲜明主体性和能动性的存在者，并能够按照自己的意愿与标准去追求美好的生活。

（三）卢梭：人生而自由——人之社会性本真

如果说笛卡尔的"我思故我在"对人之主体性的确立还过于隐晦或者说遮掩，那么卢梭所宣称的"人生而自由"就显得更为坚决明确了。卢梭以其炽热的法式浪漫主义情怀传扬着一种基于"自然"之人性论。

这里的"自然"，是一种先验的绝对的理念，指向一种形而上学的自然，并非人类曾经经历过的现实自然。它是评判人之善恶、社会之良莠的根本标准，是关乎人之天生自由、人之本真良心的先验根源。如果没有这样的"自然的"生活状态，人之自由就没有根基，人之良善就无法设定，人之美德就无法解释。[2]

在这种"自然"状态下，人是自由的、良善的。所以，就像卢梭所说的，若放弃了自己的自由，就是放弃了自己做人的资格，放弃了作为人的权利，放弃了自己的义务。[3]

正是基于这种意义，人之自由与良善的合法性，为反抗社会的不平等提供了革命的依据。因为，由本真的"自然人性"状态到堕落的"社会人性"状

---

[1] 刘鑫淼. 当代中国公共精神的培育研究[M]. 北京：人民出版社，2010：82.
[2] 金生鈜. 德性与教化——从苏格拉底到尼采：西方道德教育哲学思想研究[M]. 长沙：湖南大学出版社，2003：167.
[3] [法]卢梭. 卢梭文集——社会契约论[M]. 李常山，何兆武译. 北京：红旗出版社，1997：22.

态的转变,是由"专横的""贪婪的"社会制度造成的,是它们酿成了对人本性的破坏。因此,对传统人性格调及传统社会空间之合法性的重置,是促进人之社会性本真的呈现的必然需要。而人之社会性的本真呈现,也反过来证明着人之主体性确立的价值和意义。

(四) 康德:要有勇气运用你的理智——公开运用自己的理智

"要有勇气运用你自己的理智"是康德对启蒙精神的深刻感悟。而对于启蒙,康德同样有过经典的阐述,启蒙就是人脱离了"自己加之于自己"的"不成熟状态"[1]。这里的"不成熟状态"是指离开别人的指导就没有办法运用自己理智的状态。如果无法运用自己的理智,是因为自己本身缺乏理智,那就另当别论;但是,若是因为未经别人的指导就缺少运用自己理智的勇气与决心,那此种"不成熟状态"就是"自己加之于自己"的。

康德认为,自我的不成熟主要有两个原因:一是自我的懒惰与怯懦。虽然大自然赋予了每个人以理性,但是许多人却自愿终生处于不成熟状态。他们不愿意思考,更希望把伤脑筋的事情推给别人。二是统治者的欺骗。统治者为了维护既得利益而采取一些愚民策略,使得民众处于不成熟状态。所以,民众无法自由地思想、自由地行动,无法自主地进行选择,只能服从于神职人员及统治者的摆弄与安排。

因此,人们必须要勇敢地公开运用自己的理性。这意味着,任何人都要像学者面对读者、听者时那样,勇于发表自己的见解,勇于为自己的见解辩护,并凭借追求真理与公正的良知来明事实、摆道理。这就是人之自由的体现,是人之自我澄明的重要途径。

另外,在康德的理解中,公共权利之本质是一种"普遍权利型"公共性的体现。康德认为,公共性是一种反映共同体"生存价值"的"先验"的"普遍权利"。对公共权利进行抽象,就只剩下公共性这一样式了。这意味着每一项权利中都包含着公共性,没有它就没有正义,因为正义是只能被想象为"可

---

[1] [德]康德. 历史理性批判文集[M]. 何兆武译. 北京:商务印书馆,1990:22.

以公开宣告"的;同样,没有公共性也就没有了权利,因为权利是由正义所授予的。① 在康德看来,全体公民所拥有的公共权利之本质就是公共性,即公共性之"普遍权利型"。

二、国权与民权:政治理想中蕴含的公共德性理致

经过启蒙,人之本真终于得到了澄明,人之主体性终于得到了伸张,人开始摆脱"自己加之于自己"的不成熟状态。也正是从这个时候开始,人类第一次脱离了对彼岸世界空幻的迷恋,获得了在此岸存在的真切体验。对自由的郑重宣言确立了人之自主性、能动性,确立了人之地位和尊严。

但是,人之自我澄明也逐渐使人变成了孤零零、赤裸裸的单个个体。他们努力摆脱传统血缘宗法关系的框囿,在获得自主和独立的同时,却也丧失了群体归属纽带所维持的情感交融与德性契合。在西方,个人主义逐渐被全面地、系统地提了出来。此时,人应该如何调整、重建与他人之间的社会联结呢?应该如何确立政治理想之公共性呢?显然,这是一个与启蒙同样重要的问题,而且是一个迫切需要解决的问题。在西方政治中,对国权与民权关系的调和,既体现在对公共领域与私人领域的不同要求之中,又体现在对"公共性"政治理想的落实之中。

(一)马基雅维利:公共领域与私人领域中存有不同道德标准

对政治道德问题的讨论,最早可以追溯至古希腊哲学。但是,真正把这一论题持久地凸显出来的,是马基雅维利。他认为,在私人生活和公共领域中存在着不同的道德标准。所以,把适合于个人关系或私人生活的道德标准,移植于政治行为中是不道德的,也是不负责任的。

他在《君主论》中表述过这样的观点:如果在运用公共政策的过程中,拒绝采取某些"无情的""欺骗的""狡诈的"手段,这就等于是背叛了他所代表的且给予他信任的人们的利益;而公共政策的对错是取决于其"后果"的好坏,并

---

① [德]康德.历史理性批判文集[M].何兆武译.北京:商务印书馆,1990:139.

不是取决于其执行"过程"中的内在价值;若从私人生活角度看公共政策内在价值的话,往往是令人无法接受的。但是,假设没有这些公共政策中的"恶行",那就难以挽救自己的国家,所以人们其实也不必要因为受到了对这些"恶行"的斥责而感到不安。① 在马基雅维利看来,政治道德务必是"后果论"的,即政治道德的判定标准就是国家之繁荣富强、国力之持续增长,以及在国际事务中能够占据支配地位等。而若用私人生活中的道德标准,如友谊、公正等,对政治家在政治领域中所运用的手段加以约束,这就等于是让他亵渎职责了。

虽然马基雅维利的政治道德价值取向比较极端,也备受批判,但实际上当时西方政客们的所作所为多少都是在遵循马基雅维利主义的基本思想,甚至可以将它认定为西方政治谋权术的"圣经"。但是,从私人领域与公共领域道德观念界分的角度来看,其思想仍有一定的参考价值。

(二) 阿伦特:政治价值理想为公共性——公共性之"时间-空间型"

阿伦特(Arendt)的公共性理论侧重对人的公共生活实存样态的考察,如人类原初生命的共在性、公共领域的公开性,以及人之生存意义的对象性等。阿伦特认为,公共性可以从公共生活的关联性,以及公共空间的在场性与永恒性这三个方面来进行综合考量。她从人类活动的现象学分析出发,诘问政治的本源是什么,追问人类理想的政治生存质态是什么,进而得出人类政治构建所追求的理想价值就是公共性。

她指出,在公共领域中呈现的任何东西都可以为人所见、为人所闻,并具有最为广泛的公共性。② 所以,公共性的理致就在于,事物可以被公开地显现出来,被在场的他人和我们自己所看到、听到,事物对我们而言也就具备了可见性的真实感。同时,公共性标志着这个世界本身不是纯粹的地球或自然环境,也不是人类活动的有限界域或有机生命的广博地带,而是一个充盈着人类事务的世界,一个人为的世界,它由具有交互行动的人、交互接

---

① [意]马基雅维利.君主论[M].潘汉典译.北京:商务印书馆,1997:75.
② [美]汉娜·阿伦特.人的条件[M].竺乾威等译.上海:上海人民出版社,1999:38.

触的事物及其关系所构成,是人类生存的关系域与意义域。

在这里,阿伦特把公共领域等同于政治领域,并认为私人领域与公共领域有着严格的界分。她在阐述古希腊城邦政治理想的时候,之所以表示人天生就是"政治动物",是因为她认为人只有在政治领域或者公共领域中,才能够实现真正的自由、独立、个性、永恒与卓异。

在家庭领域(私人领域)中,鉴于生活必需品的制约,人们不得不从事繁重的劳作,做一些自己极不乐意做的事情。在阿伦特看来,这是一种不自由的"被奴役状态"。而在政治领域(公共领域)中的境况则完全不同。首先,拥有私人财产是被应允投入政治生活的主要前提和条件,而其中最重要的一点,是进入政治领域预示着人摆脱了对自身需求和欲望的驱逐,挣脱了繁重的家庭劳作,脱离了对自身生命的过度关爱,所以进入政治领域的人可以开始追求自由的、平等的、公开的生活。在这里,她谈到,"自由"是既不受制于生活的必然之势或他人之命令,也不对他人发号施令;自由既不象征着统治,也不象征着被统治。①

但是,阿伦特关于私人领域与公共领域的哲学人类学界分,在现代社会中已变得越来越艰难,那是因为随着"现代社会"的兴起,私人领域与公共领域的主题和事务已发生交融。所以,阿伦特始终排斥"现代社会"的兴起及"大众话语"的繁盛。她甚至把"现代大众社会"同"劳动动物"的胜利、只关心"经济和消费"的社会、人发展的"整齐划一"等看作同一回事。由此可见,阿伦特的公共领域理论充满着一种贵族政治式的想象,以及对人发展的纯洁独特性的向往,因此不免呈现出过于理想化的色彩。

(三) 罗尔斯:公共性乃重叠意识——公共性之"公平-正义型"

罗尔斯(Rawls)把公共性理解为对"公平"和"正义"的"重叠意识"。它是人们从对"原初"状态体认的假设中所推证出来的"契约",是维护社会秩

---

① 汪晖,陈燕谷.文化与公共性[M].北京:生活·读书·新知三联书店,1998:65.

序的共同价值观。① 这个"原初"状态是"契约"形成之前的状态,此时若其中任何一人所选择的正义原则与其他人相一致的话,"契约"就能够得以形成。② 这种被选择出来的正义原则就是公共的、共享的,体现为彼此之间的最大共识。它的公共性首先来自"程序正义",其次表现为其所涉及内容价值本身的公共性。③ 换言之,公共性之"公平-正义型"既包含由于程序正义而持有的形式上的公共性,又包含出自共享的公共文化而拥有的内容上的公共性,它体现了契约各方的理性选择能力,因而也表现为一种理性的公共性。

在《作为公平的正义》中,罗尔斯谈到了公共性作为"重叠意识"所具有的三个层次:第一个层次表现为公民对"公共知识"与"正义原则"的相互承认;第二个层次表现为公民在接受"正义"原则基础上所拥有的普遍信念;第三个层次表现为公民对作为"公平"的"正义"的观念的相互承认。换句话说,只有达成了这三个层次的条件,才能满足公共性实现的需要。④

(四) 哈贝马斯:公共舆论领域样态即公共性——公共性之"市民社会型"

我们一般较多地关注哈贝马斯(Habermas)关于"公共领域"的阐述,而不太重视其背后的作用因素,即公共性。其实,哈贝马斯的公共性指向的是那些具有"批判意识的私人"所组成的"公共舆论领域"样态,⑤这是近代资产阶级形成与兴盛后所出现的社会现象。哈贝马斯的公共性理论侧重对应然态的公共领域演变的考察,如基于对公共领域历史发展逻辑、如何人为地构建稳固刚健的公共领域、理想的公共领域应为何态等的分析。

哈贝马斯的公共性包含两层意蕴:一是表征公民的社会学集结,有"公

---

① 周菲.当代欧美公共哲学研究述评[J].上海师范大学学报(哲学社会科学版),2005,34(2):96—102.
② [美]约翰·罗尔斯.正义论[M].何怀宏,何包钢,廖申白等译.北京:中国社会科学出版社,1988:138.
③ [美]约翰·罗尔斯.政治自由主义(增订版)[M].万俊人译.南京:译林出版社,2011:61—66.
④ [美]约翰·罗尔斯.作为公平的正义——正义新论[M].姚大志译.上海:上海三联书店,2002:196—199.
⑤ [德]哈贝马斯.公共领域的结构转型[M].曹卫东,王晓珏,刘北城等译.上海:学林出版社,1999:201.

众"之意。这些公众具有政治权力或者说是批判权力,并具有理性沟通辩论的能力。哈贝马斯预设这些公众能够以"理性批判"超越自身的私人视阈与想法,能够追求更高层次的公共善。二是公共性表征着具有开放性、能够公开辩论与批判的制度性场域或组织框架。

可见,哈贝马斯论说的公共性,蕴含着创设一种"向公众开放"的主体性,即一种能够向公众发言,且具有磋议能力的主体性。在他看来,唯有这样的主体,通过理性批判,在进行对话的过程中,在形成的"生活世界"里,才能够实现"不排斥任何成员"的社会整合机制,即实现真正的公共性。

三、公平与效率:市场经济伦理中蕴含的公共德性意旨

市场作为一种经济运作机制,已被事实证明是同样适合于社会主义国家的。市场经济,虽然被区分为两大基本形态,即资本主义市场经济与社会主义市场经济,但是作为一种表征新的经济文明的生成的方式,它们都展示着人类经济生活的变革及其组成内容的革命性进步。那么,无论是哪种形态的市场经济,是否都需要有公共德性作为德性的支撑力量呢?或者说,市场经济条件下,公共德性如何一方面维护着社会的正义、公平,另一方面又关照着个体经济之自由、效率呢?下文通过分析西方市场经济发展史上有着重要意义之伦理学文本,来揭示西方市场经济的建构和公共德性培育之间的内在关联,以期启示在当代中国经济发展环境中更好地培育公共德性,促进两者的共同发展。

(一)曼德维尔:蜜蜂的寓言——私恶即公利

1. 为何备受争议:切中传统伦理与经济行为冲突之思想困惑

虽然《蜜蜂的寓言》不属于伦理学经典,甚至也称不上名家大作,但是,这首诗的意义非同小可,对于近现代伦理学之发展及其走向具有转型性标识的价值。所以它曾被称为"最邪恶"的,却又是"最聪明"的论著。曼德维尔(Mandeville)作为一位医生,或许也是第一位明确地、系统地探讨个人追求自身利益导致社会整体经济繁荣的可能性的学者。他在此书中表达了一

个备受争议的观点"私恶即公利"。这个观点,即使是从今天来看,也是足够惊世骇俗的,但是它在某种程度上是可以成立的。

《蜜蜂的寓言》一书的情节并不复杂,主要运用比喻的手法刻画了蜂国之"人""人人"自私自利的境象。他们追求着豪华的生活,且浪费成性,但是整个蜂群却如此兴旺发达、繁荣昌盛。其后,在"哲学蜂"的劝说下,他们良心发现,改过自新,"人人"做克己奉公、毫无私心的"正人君子",结果却是商业萧条,导致社会衰退,并最终被另一个蜂群所消灭。

该书1705年发行初版,直至1723年发行第二版,并在原来基础上增加了两段评论与《论慈善和慈善学校》《社会本质之探究》这两篇论文后,才引起广泛关注,各种批评声潮涌而来。为何在第二版发行时,会引来如此巨大的反响?这与当时资本主义发展的时代境况有着密切关系。事实上,它正是回应了资本主义发展期间,人们的传统伦理观念与经济行为相冲突所造成的思想困惑,人们迫切希望能够从道德上得到予以辩护的根据。因此,它切中了当时人们的思想要害与精神需求。

2. 实质:为当时新兴的资本主义市场经济辩护并开辟道路

那个时代,正是资本主义滥觞及发展的时代,社会中出现了大量的道德败坏现象。就像曼德维尔在诗中所描述的那样,数百万蜜蜂无不在竭尽全力,满足彼此间的"虚荣"。他们是"寄生虫",是"骗子""小偷""庸医""造假币者"。面对正直的劳动,他们心怀敌意,绞尽脑汁欲将"善良无心"邻居的劳动成果据为己有。甚至所有的地方都存在着"欺骗",没有一种行业中不包含着"谎言"。好比医生,他们将自己的"财富"与"名声"看得比患者的"健康"更重要;律师,故意拖延出席听证,均分办案所得,掰着手指计算被聘请的费用,"聚敛资金"。[1] 这实为一幅逼真的资本主义市场经济现实写照。

当时,在重商主义者的伦理视域中,私欲与公利是不可调和的,他们希望强有力的政府出场,人为地在个人和社会之间确立秩序;但在自由放任经

---

[1] [荷]曼德维尔.蜜蜂的寓言——私人的恶德,公众的利益[M].肖聿译.北京:中国社会科学出版社,2002:14.

济主张者眼中,个人的经济自主与社会福祉间存在着自然的调和,政府应管得越少越好。所以,如何看清当时的社会状况,如何为新兴的经济生产方式,即资本主义市场经济辩护并开辟道路,成为那个时代的人们的历史使命。

3. 思想价值

尽管曼德维尔的观点备受争议,但是这丝毫不影响它在资本主义市场经济发展中的历史功能与思想价值。

第一,美德是可以受私欲推动的。当时,道德层面上的普遍观点主要有两种:一种是乐观理性主义,这种观点认为人的本性是善的,因此有道德的行为必须是理性行事的行为;另一种是传统的宗教严格主义,这种观点认为人有堕落的本性,追求私欲的动机都是恶的,因此只有抵制了私欲的行为才是德行。这两种观点实质上都是否定私欲的,都是认为具有美德的行为是基于理性而不受私欲驱动的。

面对这两种当时的主流道德观点,曼德维尔认为,对于第一种观点,美德不过是人类理性之"虚伪"而已,是人类互相间的"自我嘉许"。因为在本性上,人是受到自身私欲与情感支配的,人是一种既"精明",又格外"自私"且"顽固"的动物。[①] 人不管是在自然状态下,还是处于社会状态下,都是无法改变这种本性的。所以说,任何道德说教或许是对人性很好的"恭维",既然是"恭维"就意味着这并不是真实的,是与日常生活相矛盾的。只需细心留意现实生活,就不难发现人类所有的行为都是基于私欲与激情而作出的。他谈到,最"卑劣的坏蛋"也会认为自己是"价值无比"的;最"富于雄心者"的最大期望,就是让整个世界赞同自身的观点,这与前者是一致的;而激励着每一位"英雄"的永远的最高愿望,就是获得很好的"声誉",这种愿望完全是一种无法控制的"贪恋",既希望享有同时代的人对他的尊崇,又希望获得未来时代人对他的赞美。[②] 而最初的道德,是由老到的政客们"策划"出来的,

---

[①] [荷]曼德维尔.蜜蜂的寓言——私人的恶德,公众的利益[M].肖聿译.北京:中国社会科学出版社,2002:32.

[②] [荷]曼德维尔.蜜蜂的寓言——私人的恶德,公众的利益[M].肖聿译.北京:中国社会科学出版社,2002:39.

是为了将人们变得"易于管理",变得"互为有用",其意图是让"富于雄心者"从中获取更多的收益,能够更安全地、更从容地管理大量的人群。[①] 在他看来,所有的利他或仁爱行为,事实上只是为了获取他人的赞美或者说为了避免遭到谴责,不过是利己主义的伪装罢了。

对于第二种观点,他指出应坦诚人性之自私,耐心"顺从"那些不便之处。曼德维尔认为,与其像传统的道德家们热衷于教导人们"该如何做人",其实他们自身如何,却无人知晓或故意回避,这是何等的道德上的讽刺与虚伪,所以还不如坦诚人性确实是自私的。无须遮掩、无须严格抵制这种人之本性,因为只有当人们意识到自身的弱点和劣行时,才能够在理性的权衡下,学会更加耐心地"顺从"那些不便之处,进而能够享有繁荣的一切利益。

曼德维尔以一种亘古未有的现实主义立场与玩世不恭的态度批判了乐观理性美德观和传统宗教美德观,并在基于对人性深刻洞察力的基础之上提出了新的伦理观点。这种伦理观,不再把道德视为"天生的德性"或某种"上帝的启示",而是建立在人性现实社会关系基础之上的。

第二,公共利益标志着社会经济的进步与繁荣。在曼德维尔之前,人们在对个人利益和公共利益两者关系展开讨论时,往往只是将公共利益等同于社会的安定、有序。但是曼德维尔非常明确地把公共利益、社会利益看作社会经济进步与繁荣的代表,以及"市场效率"的标识。他把公共利益上升到了一个社会经济扩大与发展的象征的高度。

第三,"私恶即公利"的经济伦理价值,即市场经济条件下,合理地追求自身利益,可以增进整个社会的财富与繁荣。"私恶即公利"应该放到经济伦理中去解读。在这里,"私恶"当然不是指那些坑蒙拐骗、杀人放火的罪行之念,而是意指"私人之恶德",即人的营利欲望、利己之心、自爱之心等,表现为并不挂念公共之事,而是专心于自身欲望的满足,但其行为并非是加害于社会他人的。"公利"在这里属于功利主义语境中的一个术语,表示"最大

[①] [荷]曼德维尔.蜜蜂的寓言——私人的恶德,公众的利益[M].肖聿译.北京:中国社会科学出版社,2002:35.

多数人"的"最大幸福"。那么,"私恶即公利"就意味着:实质上,人类文明的发展是由人的利己心、自爱心所推动的。换言之,私人之恶德乃社会建构之起源,乃推动社会发展之基本动力。就像曼德维尔在《社会本质之探究》一文中所指出的那样,无论是人类天生追求"仁爱的热情"与"友谊的品性"也好,还是人类依靠"理性"与"自我克制"所能获取的"真正美德"也罢,这些都不是社会的基础;相反,那些被我们称为"现世罪恶"的东西,不管是大自然中的罪恶,还是人类的恶德,才是使人变成"社会性动物"的重要根源,才是一切贸易的生命与依托,才是各行各业的坚实基础,概莫能外。所以,它们是一切科学与艺术的真正起源。一旦恶德消失,社会即使不会马上解体,也必然会变得一团糟。①

可以说,一个社会的财富的增长或公益的增加,都是以社会成员的个人的求利努力与创造行动为基本前提的。在社会生活中,个人私欲的伸张及行动的自由是他们创造财富、促进发展的源泉。我们不得不承认,在市场经济条件下,给了每个人合理地追求自身利益的机会,将会增进整个社会的财富与繁荣。因此曼德维尔在此书中谈论的与其说是关于伦理的问题,不如说就是一个经济话题。正是从这个意义上来说,"私恶即公利"完全可以成立。

当然,曼德维尔"私恶即公利"的观点比较极端化,人性与秩序间的关系远没有他所描绘的那般绝对与必然。只能说,他的研究为人类公共性的构建提供了一种新的视域与新的路径。

4."私恶即公利"的必要限定:市场在其中的不可替代的效力

其实,曼德维尔所描绘的繁荣蜂国,隐喻的就是18世纪的英国。也正是按照蜂国原理,当时英国的确成为不可一世的大不列颠帝国。

但是必须认识到,促进这番繁荣的"私恶即公利"的论断,只有在市场经济社会语境中才具有合理性。因为"私恶"转化为"公利"需要一个重要的机

---

① [荷]曼德维尔.蜜蜂的寓言——私人的恶德,公众的利益[M].肖聿译.北京:中国社会科学出版社,2002:235.

制,那就是市场。市场在"私恶即公利"中具有不可替代的价值。

其一,市场提供了交换的场所。在市场活动中,人们一切逐利行动都必须通过交换来完成。所以,每个主体的商品生产与销售都是要根据供需规律来进行的。因而,基于利己出发的经济主体就必然要首先考虑到他人的需求是什么,以及社会的需求是什么。于是,就出现了"主观为自己,客观为他人"的事实状况,这也是市场的逆机制使然的结果。

其二,在本质上,市场经济是竞争经济。人们为了赢得竞争优势,会将最好的、最有效率的技术应用到生产中去,不断创新工艺,并努力节约成本,以最优质的产品与服务贡献于社会,进而实现社会之公利。

其三,市场使人们趋从于社会公德。这是因为此乃经过反复试错后而被证明为最有效率、最节约成本的途径与行为方式,而且这也直接促进了对社会公利的贡献。

最后,市场促进自发秩序的形成。在市场经济中,各经济主体按照自身意愿自由行动,因为受到"无形之手"的支配而自生了秩序,于是形成了哈耶克所说的"自发秩序",这就是最大的公利。

(二) 斯密:道德情操论——道德乃人类追求自我利益的实践经验产物

《道德情操论》是资本主义上升时期,对人类社会道德设想进行详细论述的文本,亦是为资本主义经济发展铺设道路的伦理尝试之一。全书主要包括行为的合宜性、优点与缺点、正义与仁慈、道德评价、良心和责任感、习惯与风气、行为效用、美德、道德哲学体系等论题。它延承了《蜜蜂的寓言》的理路,认为若鼓励每个人合理地追求自身的利益,将能够增进整个社会的财富与繁荣。按照马克思的考察,斯密(Smith)的逻辑推理来自曼德维尔,因为在《国富论》中的一段话,几乎是逐字逐句照抄了曼德维尔《蜜蜂的寓言》的注释。[1]

---

[1] [德]马克思.资本论(第1卷)[M].中共中央马克思恩格斯列宁斯大林著作编译局编译.北京:人民出版社,1975:393.

1. 核心：同情

首先，同情是一种基于设身处地想象而形成的原始情感。同情是该书的核心，是斯密建构其道德体系的基石，也是他对于道德人性的预设。就像他在开篇所说的那样，不管人们认为某人怎么"自私"，此人的天赋中总还是明显地存在着这种本性，它使他能够关心别人的命运，视别人的幸福为自己的事情，尽管他除了看到别人幸福而由衷地感到高兴外，一无所得。此种本性就是"同情"或"怜悯"，是一种看到或想象到别人不幸遭遇时所产生的情感。[①] 在斯密那里，同情是一种人性中的原始情感，是借助于设身处地的想象而形成的。因为若人们对别人的感受在尚无直接经验的情况下，往往是无法直接得知的、无法直接体会的。而这种设身处地的想象，能够使人们似乎身临其境，能够痛苦着别人的痛苦，幸福着别人的幸福，感受着别人的感受。虽然在程度上存有一定差距，但这种感受与本人的感受在性质上是相同的。所以，在斯密看来，正是因为有了"同情"，人类的道德行为才能够产生并维持。

其次，同情是一种美德，也理应是一种品质。严格地说，斯密所探讨的同情，不仅是一种美德，还应该是一种感受、心理、品质。与其说他是在讨论一种"社会公德"，还不如说是在讨论一种人们在公共生活中的"品质"。虽然，书名"The Theory of Moral Sentiments"中的"Sentiments"被译为情操，意指某种高尚道德情感或操守，但是"同情"在本质上乃是一种心理活动、心理品质。就像斯密所说的那样，能够引起我们同情的方式有两种，一种来自对别人情绪的观察，如对别人脸色或姿势中表现出来的快乐或悲伤的观察，而引起的某种程度相似的欣喜或痛苦之情；另一种来自对处境的观察，如对处于疾病环境中的各种难以预料后果的恐惧，而产生的无助、痛苦的情感。正是从这个意义上来说，"同情"本身无关乎道德还是不道德，只是一种人们对现实生活的心理感受、心理品质。

最后，同情是一种判断事实和克制私欲的认知与情感体现，也是一种利

---

① ［英］亚当·斯密. 道德情操论［M］. 蒋自强，钦北愚，朱钟棣等译. 北京：商务印书馆，1997：5.

他动机与意志信念的行为取向,因而是一种人在公共生活中的优良品质即"公共德性"的展现。斯密指出,每个人生来首先关心的、主要关心的就是自己。而且,由于他比其他任何人都更适合关心自己,因此如果他这样做的话,是恰当的、正确的。① 也正是因为有了"同情",人们才能在利己的基础上,作进一步的判断与选择。尽管从心理学角度来看,同情是不带有价值判断的,是价值中立的。但是,由于人在本性上是自私的,所以同情更表现为一种对人性利己的平衡与调节能力,因而也就带有了积极的、利他的色彩,表现为一种优良品质。因此这种在人类相互关系中的彼此换位思考的心理品质,就带有了利他的色彩。也正是基于这个过程,利己部分地转化为了利他。从这个意义上来说,同情不仅是一种美德,还是一种判断事实和克制私欲的认知与情感体现,也是一种利他动机与意志信念的行为取向,是公共善的体现与表达,这一点也正是道出了现代人的公共德性之所在。在社会生活中,当一个人不再率性而为,能够考虑到别人的情感而有意识地克制自己情绪的时候,那他就具备"道德情操"了。

2. 道德情操:人的自私本性适应生存环境之产物——功利伦理层面上的道德功效

此书虽然名为《道德情操论》,但实际讨论的并非"道德情操"本身,而是更多地从功利伦理层面来讨论"道德"的功效。

斯密没有像以往的哲学家那样探讨各种道德之本质的、内在的含义,而是明确地表达了这种观点:在社会生活中,一个人若希望获取更多的利益,就必须在恰当的时候克制自身的私欲,甚至兼顾到别人的欲望。在此过程中,人们所形成的某些"令人尊敬"的或者说是"和蔼可亲"的行为,就是道德的体现。

其实,斯密的这种伦理观和曼德维尔的观点如出一辙,都是在试图说明,道德既不是出自上帝的命令,也不是天生的自然产物,更不是人类理性

---

① [英]亚当·斯密.道德情操论[M].蒋自强,钦北愚,朱钟棣等译.北京:商务印书馆,1997:101—102.

的特殊发明,而是人的自私本性适应生存环境之产物。因此,它们是人类追求自我利益的实践经验产物。这些道德在历史的检验中,必将被证明其中的每一条都发挥着促进个人和社会福祉的作用。①

3. 对"斯密悖论"的看法:在不同历史境遇中解读出来的时代问题

在斯密对人性的预设中,并没有像一些学者认为的那样,存有人性本恶和人性本善的双重标准。事实上,斯密自始至终都是围绕"人总是首先关心自己"的理论预设而建构其伦理学与经济学的。因此,所谓的"斯密悖论",确切地说不过是一个假命题。"斯密悖论"与其说被定性为一个理论体系自身矛盾的问题,不如说是后人在不同历史境遇中所解读出来的时代问题。

这是因为,斯密生活的时代还处在资本主义经济和道德体系的形成时期,此时资本主义自身的矛盾尚未呈现,尤其是内部资本主义经济发展和道德伦理之间的矛盾并未凸显。当时,社会的主要矛盾是旧有的封建制度、封建观念与新兴的资本主义之间的矛盾,主要表现为前者对后者的限制与束缚。此时,进步思想家们的使命就是批判封建制度及其观念,构建适合于资本主义的制度及其观念体系。

正如万俊人所言,只要大致了解斯密时代的状况,并细读斯密的两部作品,就会发现所谓的"斯密问题"本身其实并不成立。它的真正意义就在于,认识市场经济的道德界面问题,包括所关涉的经济伦理问题,即道德作为经济之价值要素与评价标准的问题;伦理经济问题,即经济生活作为道德的利益基础的问题;以及在对两者科学理解基础之上的当代解释能力问题,即对现实生活中具体问题解释的知识合法性与现实合理性问题。②

4. 启示一:自利过度膨胀必导致道德败坏

其后,随着资本主义经济的飞速发展,以及社会分工与社会交换的普遍深入,出现了在现实经济生活中的行为抉择的进退两难问题,以及在理论上的经济学与伦理学的理论预设间的冲突问题。换言之,实质上的利己与利

---

① 杨春学. 个人利益,社会经济繁荣与制度之形成:客观确定的善[J]. 管理世界,2002,(7):150.
② 万俊人. 道德之维——现代经济伦理导论[M]. 广州:广东人民出版社,2000:5.

他的问题。

就像马克思摘引的关于资本贪婪求利的生动描述那样,只要有了适当的利润,资本就会大胆起来。若有 10% 的利润,它就会被到处使用;若有 20% 的利润,它就会活跃起来;若有 50% 的利润,它就会铤而走险;若有 100% 的利润,它就敢将一切人间法律踩于脚下;若有 300% 的利润,它就敢肆意妄为,甚至冒被绞首的危险。[①]

历史发展的现实证明,利己之心若过度膨胀必致使道德败坏,而过度的道德戒律则会束缚经济的发展与效率。

5. 启示二:自爱乃道德之基

总的来看,《道德情操论》主要说明的问题是:在社会生活中,每个人如何控制自己的情感与行为,尤其是自私的情感与行为,从而构建一个具有行为准则的社会,即一个有道德的社会。也就是说,这是一个关于"道德社会何以可能"的问题。

这个主题与斯密后期所著的《国富论》是一脉相承的。他在《国富论》中谈到,每个人都在力图使用他的资本,使得生产出来的产品能得到最大价值。他并不妄图增进公共福利,也不知他所增进的公共福利到底有多少。他所追求的仅是他个人的安乐,仅是他个人的利益而已。人们每日所需的食料,并不是出自屠夫、面包师和酿酒师的恩惠,而是出自他们利己的打算。

现代社会道德秩序的形成,是以自爱为根基的。虽然人的道德行为,应该以利他为重,但是其动机则是出自自爱或自利的;人若是戒除了自爱,不但没有了道德,甚至连社会也不复存在了。因此,建立在私有财产、生产、交换自由、契约、市场,以及不受束缚的个人利益基础之上的经济制度,或多或少都有助于自身调节,有助于人的最大满足与自我实现,有助于个人与社会的进步。自爱、自律、诚实、公平、正义、勇气、谦逊、劳动习惯、公共道德等,这些都是人们前往市场之前必须拥有的,这也正是公共德性的内涵体现,是

---

① [德]马克思. 资本论(第1卷)[M]. 中共中央马克思恩格斯列宁斯大林著作编译局编译. 北京:人民出版社,1975:829.

公共德性的本质所在。正是从这个意义上来看,斯密或许是第一位全面系统地讨论并合理解释资本主义市场经济状态下人们公共德性状况的思想家。

(三)韦伯:新教伦理与资本主义精神——对求利行为的道德赞赏

《新教伦理与资本主义精神》——从题目来看,该书可视为经济学史方面的著作,但是谁也无法否认该书在资本主义起源和宗教社会学方面的研究成果,更无法否认该书对资产阶级伦理精神精彩而深刻的分析。该书主要讨论的问题是,为何近代资本主义最初发端于西欧,而不是世界其他地方?为何在西方文明中且只有在西方文明中,才出现这些文化现象?[①] 按照韦伯(Weber)的考察,正是新教伦理催生了资产阶级经济伦理,哺育了近代经济人,使得资本主义精神得以确立与发展。

1. **资本主义精神:精于职业和积累财富,又不出于个人享受考虑的精神气质**

何为资本主义精神?这个问题在韦伯生活的时代曾引起广泛关注。松巴特(Sombart)认为资本主义精神就是"忠实契约的信守与勤俭",是一种以盈利发财为目的的实干精神,是一种特殊的处世哲学。他认为这种精神主要是在前资本主义社会普遍存有的市民道德中激发起来的,后来受到中世纪西方公教神学与犹太教伦理的影响而扩展为一种带有普遍性的资本主义伦理。

韦伯正是在批判松巴特的基础上,建立起对新教伦理与资本主义精神关系的分析的。他指出,资本主义精神的核心就是精于职业和积累财富。韦伯引证了富兰克林(Franklin)的一些观点来说明资本主义精神的实质,如"时间就是金钱""绝不要违背诺言""信用就是金钱"等。虽然这种"赚钱"观念或许在其他时代、其他国度中曾存在过,但富兰克林的这番观点多了几分

---

① [德]马克斯·韦伯.新教伦理与资本主义精神[M].于晓,陈维刚等译.北京:生活·读书·新知三联书店,1987:4.

"独特的精神气质",即带着些许功利主义色彩,又带着一些实现自我的神圣承诺。所以说,资本主义精神的实质,并不在于对金钱的渴求,而是表现为某种合理地实现自我的生活态度与精神。这是一种将赚钱视为天职,但又不是出于个人享受考虑的观念与精神气质。

2. 哪些新教伦理有助于资本主义精神的形成?

是什么促使资本主义精神与行为的产生?韦伯认为,这源于人们的宗教观念。于是,他把资本主义精神起源与当时的宗教改革,即新教,联系在了一起。

新教,是随着16世纪宗教改革,脱离了罗马天主教会后的各个教派的统称。根据爱德华兹(Edwards)的统计,17世纪中叶,存有180多个大大小小的新教派别,其中最主要的教派是加尔文教与路德教。这些新教中的一些伦理观念,影响着资本主义精神的形成与发展。

其一,职业观念。这是一个在宗教改革运动中出现的新概念,后来发展成为新教各派别的主要教义。韦伯认为,职业是一种确定的工作领域,一种终生任务。在文明语言的历史中,无论是在古代文明的民族语言中,还是在信仰天主教的诸民族语言中,都没有出现过与"职业"概念相似的词。[①]

路德在将《圣经》翻译为德文的时候,把其中的"神的召唤"概念转换为"职业",意即上帝为人类安排的终生任务。于是,职业就成了人所承担的"天职",成了人今生今世应履行完成的任务。于是,"职业"这种世俗事务被视为了个人从事的最高尚的道德活动,使得世俗的"职业"具有了宗教的意义,并能得到教义的支持。

其二,禁欲观念。一方面,这是一种功利的考虑,却也是人之常情。其实,对大多数中下层资产阶级来说,禁欲的教义本不是他们所乐意奉行的。但是若他们的某种生活状态要求恰好与某种教义要求相吻合,这种教义就变得受欢迎了,因为它们可以为人们原本不得不做的事情赋予一种神圣性。

---

① [德]马克斯·韦伯.新教伦理与资本主义精神[M].于晓,陈维刚等译.北京:生活·读书·新知三联书店,1987:58.

如人们面对不得不劳作的情况时,提倡劳作、鄙视坐享其成的教义就会受到推许;人们面对不得不节俭的情况时,提倡节俭、反对奢侈挥霍的教义就会得到推崇。

另一方面,奉行禁欲的新教信奉者们可以获得比较高的社会地位。加尔文鼓动人们从事正当的职业并恪守俭朴的禁欲生活,在这种教义下,其信奉者们就可以宣称那些曾经让他们嫉妒不已的封建贵族们所过的放荡、奢侈的生活是罪恶的。这样,他们就至少获得了与那些封建贵族们同样高的地位,甚至是比他们更高的地位。因为在禁欲主义中,贵族的穷奢极欲与大肆浪费是令人厌恶的;而中产阶级的自我奋斗与节制有度是令人佩服、受人尊崇的,是有着极高的道德评价的。①

其三,积极入世的精神。这是一种将宗教伦理推广、渗透的精神理念。一方面,新教伦理祈望对宗教的信仰要渗入这个世界的方方面面。加尔文提出,世界就是"我们的修道院",阿尔卑斯山上的修道院并不是"我们的修道院",我们真正所需要修道的地方是这个"现实的世界",而我们的工作与生活就是在"世界这个修道院"中修行的方式。就像《哥林多前书》所言,"无论你们做什么,都是要为了荣耀神而行"。在他们看来,上帝创造这个世界是以荣耀上帝自身为目的的,且要借助基督教徒们来荣耀这个世界,并在世界的任何领域中来败坏魔鬼撒旦的恶行。

另一方面,新教伦理教导基督徒们要做各个领域的标杆。正如《马太福音》中所说的,要"做光做盐",要像光那样普照众生而不图索取,要像盐那样发挥调节人体平衡的作用。它时时教诲着基督徒们要在社会的经济、政治、文化等各领域中做明灯、做防腐剂、做标杆。这种积极入世的宗教信仰,最大限度地推进着国家及整个社会的文明和进步。

3. 新教伦理:资产阶级精神皈依

正是新教伦理的职业观念、禁欲观念和积极入世的精神,使当时新兴的

---

① [德]马克斯·韦伯.新教伦理与资本主义精神[M].于晓,陈维刚等译.北京:生活·读书·新知三联书店,1987:128.

资产阶级得到了精神上的认同与皈依。一方面,他们将职业视为神的召唤、教义的使命,使得他们对生活的目的有了一种全新的理解,即努力从事着自己的职业,而不是等待着最后审判的来临;另一方面,他们遵循着世俗禁欲和积极入世精神的指引,舍弃世俗的奢华享乐,辛勤工作并敢于冒险、永不气馁,努力争取事业的成功,为上帝荣光。

韦伯对新教伦理和资本主义精神的肯定,就是对世俗劳动或者职业活动的道德肯定,也就是对能够促进社会生产力之经济行为的道德赞赏,对人们求利行为的道德赞赏。正是在这种观念的影响下,西方个人主体性、平等意识、道德伦理等才得以迅速普及实现。

实际上,这种虚幻的宗教观念成了人们的道德信仰、精神家园。换言之,虚幻的上帝观念成了一种实在的公共德性。借此,西方社会得以保持良好的社会道德和德性状况,并促进着社会的进步与发展。

(四) 麦金太尔: 德性之后——实践的内在利益与外在利益依存

麦金太尔(MacIntyre)作为当代西方道德哲学领域内具有转折意义的社群主义学者,其著作《德性之后》(又译为《追寻美德》)曾引起学术界的强烈反响。万俊人认为,这是一部对西方文明之基本动力和假定进行深入批判的著作。

"德性之后"是麦金太尔对道德现状的定位,表达的是西方社会正处在传统德性之后的社会状态。在麦金太尔看来,当代西方社会正发酵着以个人主观判断为根基的情感主义泛滥、对道德合理性论证的失败、道德标准的失效,以及亚里士多德的传统被边缘化等道德危机。而西方社会自古希腊英雄主义、雅典公民德性、亚里士多德德性论,直至中世纪基督教伦理,曾经一脉相承发扬着的对维护社会秩序发挥着重要作用的德性论传统,如今却在不断丧失。

1. 批判剥离历史语境之道德论争无休止性

麦金太尔指出,当代道德领域中言辞最突出的特征,就是如此多地表述"分歧",且表述"分歧"的争论具有最显著的特征,即"无终止性"。[①] 这是一

---

① [美]麦金太尔. 德性之后[M]. 龚群,戴扬毅等译. 北京:中国社会科学出版社,1995:9.

种道德无序征象的表现。

一方面,在每一个争论中,互相匹敌的观点拥有概念上的不可通约性。人们从各自的前提出发,虽然很容易推演至各自的结论,但是在生活中这些相互抗衡的前提却找不到谁对谁错的标准。争论各方在争取各自领域主权的时候,失去了某些规定性,没有合乎任何理性的尊重。

另一方面,这种争论的历史根源就在于脱离了道德语言的历史语境。这些争论具有历史起源意义上的广阔性与多样性。争论的各方往往源自不同的流派或谱系。而在每一个流派或谱系中,人们所选用的概念又是来自不同的理论家。随着历史的变迁,这些词汇所存在与适用的背景条件已被剥夺,其作用和功能也随之发生了改变。而处于道德争论的人们,似乎仍然墨守于某一种道德语言的意义,钟情于某一种合理性的基础。就像麦金太尔所言,当代哲学家们以一种固执的、僵化的、非历史主义的态度来对待道德哲学。他们过多地把过去的思想家视为对某种相对不变课题的贡献者,将柏拉图、休谟、密尔视为同一时代的人,又将他们视为与我们同时代的人,将这些思想家从他们生活的社会和文化环境中剥离出来。[①] 这种脱离了道德语言所固有的历史文化背景,并将其运用于现今道德论争之中的状况,注定会导致道德论争的无终止性。

这些道德论争,以及所有评价性论争,是必然无休无止的,是根本找不到终点的。在这种情况下,这些道德分歧现在不可能被解决,将来也不可能得到解决。

但是,麦金太尔指出,道德论争的无休止性与道德多元化并非同一件事情,将道德无序征象等同于道德多元化是不正确的。他批判将道德论争之"繁荣景象"视为一种道德多元化的展现,批判将道德论争视为"本应该无休止存在"的观点。因为,道德多元化指向的是具有交叉的不同观点的秩序对话,将其用于表述当代那种处于无序征象的道德状态,必然会掩盖形形色色谬误碎片所构成的大杂烩的真实内在,而造成"思想繁荣"的假象。

---

① [美]麦金太尔. 德性之后[M]. 龚群,戴扬毅等译. 北京:中国社会科学出版社,1995:15.

2. 现实根源：道德变形为"个人爱好"之情感主义——致使道德应然与实然的分裂

麦金太尔表示，西方的道德理论与实践已陷入严重的混乱状态，甚至可谓是灾难。其现实症结就在于将道德变形为"个人爱好"之情感主义，它否认任何客观的及非个人的道德标准。麦金太尔将对道德标准的认识分为三个不同的阶段：第一阶段，道德的理论与实践所体现出来的真正客观的、非个人的标准，为制定政策和行为判断提供了正当的、合理的理由；第二阶段，存在着保持客观的、非个人的道德判断的不得胜企图，以及依据标准及其合理理由的运动的持续失败；第三阶段，因为那些虽不在"明确的理论"之中的，但在实践中却"普遍蕴含的认识"，使得一种情感主义理论不断得到赞同，于是客观的、非个人的主张便不再适用。① 由此可见，情感主义理论存于最后一个阶段，且造成了客观的及非个人的道德标准的不适用性。

情感主义，作为一种非事实描述的态度、情感、信念的表达，并不具备科学与逻辑那样的普遍确定性与必然性。② 情感主义在评价道德判断时，主要从事实的成分与道德的成分两方面考虑。它认为，其中事实的判断有符合一致的理性的标准；但道德的成分却无真假可言，即没有任何合理的方法来确保道德判断上的一致性，也就是说不存在"道德标准"。麦金太尔意识到，这种无任何社会客观性的"道德自我"，是不具有任何必然的社会身份与社会内容的自我，也是当代道德问题生发的现实源由。③

一方面，情感主义的盛行致使道德标准的丧失。情感主义已使西方社会无法找到任何确保道德一致性，以及恢复道德有序状态的方法。在麦金太尔看来，这些争论的目的都是试图作出一种非个人的合理性论证，但是事实上这些争论都是以某种个人性的模式出现，却力图论证非个人的道德结论。换言之，由情感主义所显露出来的对特殊道德判断的观点，使得客观标准的丧失，必然会致使论争陷入空洞的循环之中。

---

① ［美］麦金太尔. 德性之后［M］. 龚群，戴扬毅等译. 北京：中国社会科学出版社，1995：25.
② 万俊人. 现代西方伦理学史（上卷）［M］. 北京：北京大学出版社，1990：342.
③ ［美］麦金太尔. 德性之后［M］. 龚群，戴扬毅等译. 北京：中国社会科学出版社，1995：29.

另一方面,情感主义导致道德应然与实然的分裂。在休谟看来,道德不可能出自理性,它只能是激情的产物。① 麦金太尔指出,情感主义在本性上所要表达的无非是个人爱好、态度感情罢了。② 他认为,休谟诉诸个体随意的情感、激情,必定会导致人类价值判断(应然层面的评判)与人类事实解释(实然层面的陈述)的断然分裂。这种割裂事实和价值关系的做法,直接导致了道德判断的主观性成为这种道德判断合理存在的依据。

在麦金太尔看来,道德逻辑或者说道德标准作为一种伦理现实的反映,其在很大程度上的消失,标志的是一种衰退,象征的是一种严重的文化丧失。

3. *历史根源:启蒙运动以来道德合理性论证的失败——只有回到亚里士多德那里才能解决*

麦金太尔认为,现代社会道德危机的历史根源就是自启蒙运动以来对于道德合理性论证的过失,就在于现代道德研究之非历史主义倾向,即摒弃传统。

一方面,亚里士多德德性传统之真正的、客观的及非个人的道德标准正在丧失。麦金太尔指出,在西方长久的道德历史之中,存有一个"亚里士多德主义"的传统。而到了17、18世纪初,鉴于社会历史变迁,那种亚里士多德德性传统的真正的、客观的及非个人的道德标准所借以存在的社会背景正在消失,或已经消失。于是,对道德进行的单独的、意图论证合理性的运动便开始兴起,并逐渐发展成为整个西方文化的核心。但是,这种运动并没有确立道德的合理权威,因为判定人的道德感是否正确的标准变成了"功利"。正如杰弗逊(Jefferson)所言,自然赋予人以"功利",作为检验德性的标准。③ 此时,若道德规则是合理的,那么它就可以像算术那样,将很多不道德的或者无足轻重的非道德准则,证明为与人们所应该坚持的道德准则一样是正确的。启蒙运动以来的自我,在庆贺自身获得了挣脱封建等级身份

---

① David Couzens Hoy. Nietzsche, Hume, and Genealogical Method [A]. In: Yovel. Nietzsche as Affirmative Thinker [M]. Leiden: Martinrs Nijhoff Publishers, 1986: 20.
② [美]麦金太尔. 德性之后[M]. 龚群,戴扬毅等译. 北京: 中国社会科学出版社,1995: 16.
③ Adrienne Koch. The American Enlightenment: the Shaping of the American Experiment and A Frees Society [M]. New York: Grorge Braziller Inc, 1965: 345.

限制的历史性胜利的时候,却不知道自己失去了重要的东西,即人类传统德性的根基。

另一方面,当下的道德问题只有回到亚里士多德那里才能得以解决。麦金太尔指出,当下的所有道德规则、戒律与人们的人性观念间,存在着一种不一致性,且这种不一致性他们自己是无法解决的,只有回到亚里士多德那里才能得到解决。亚里士多德在《尼各马可伦理学》中论述了道德的目的论体系。他指出"人"与"好生活"之间的关系构成了伦理讨论的始点。在那时,人是有社会功能性的,要成为一个人就要扮演一组"角色",而这些"角色"是有其特征与目的的。[①] 人就是在认识自身目的的过程中发现善和德性的,并发现实践这些德性才能拥有好的生活,即从"是"推出了"应该"。但是,当人的功能发生了改变,角色与人自身发生分离时,各种不同程度的解释、怀疑、妥协和玩世不恭便介入两者之间,道德结论也不再可能如以前那般被合理论证了,此时从"是"里已无法获得"应该"的结论。这便是与古典哲学的最后决裂的信号,也是18世纪哲学家们在以往残缺不全的背景中,试图论证道德合理性的运动彻底失败的信号。[②]

4. 德性之后

亚里士多德认为,德性不仅存在于个人生活之中,而且存在于城邦生活之中。[③] 城邦是人与人之间联接的共同体,是人们实践的公共空间,它的建立需要人们形成对善和德性的共识。同时,它也需要考虑为共同体成员带来某种利益,此种利益是人们所共享的。因此,人们需要具有某种公共德性,对有利于成就共同利益的品质加以赞扬,对社会共同体的秩序加以维护,对善与恶的标准形成某种相对一致的看法。[④]

在麦金太尔那里,德性主要有三个发展阶段,即复数德性、单数德性和德性之后。

---

① Aristotle. Nicomachean Ethics [M]. London: Macmillan Publishing Company, 1962: 27—28.
② 郝华."追寻美德"何以可能[J]. 北京行政学院学报,2006,(3):93.
③ [美]麦金太尔. 德性之后[M]. 龚群,戴扬毅等译. 北京:中国社会科学出版社,1995:190.
④ [美]麦金太尔. 德性之后[M]. 龚群,戴扬毅等译. 北京:中国社会科学出版社,1995:192.

首先,复数德性是从古希腊到中世纪时期的德性,表示有多种主德的存在。如古希腊四主德"智慧、勇敢、节制、公正",或神学的德性"谦卑、希望、热爱"等,它们具有一个共同点,即都是服务于某个在其自身之外的目标"善"的。

其次,单数德性是在近代出现的德性,这个时期虽然也有不同的德目存在,但是德性俨然成了单纯的道德方面的德性,成了实际上的同一种东西。"有道德的"和"有美德的"被视为同义语使用,"职责"和"义务"在很大程度上被当作可以互换的用语,"尽职尽责的"和"有美德的"亦是如此。[1] 而在亚里士多德的体系之中,"道德的美德"并不是同语反复的陈述。此时,德性不再是为了"好"而被实践的,而是出于自身的缘故,有着自身的动机和自身的奖赏。

最后,德性之后的时代,这是一种传统德性正在消失的社会道德时代。人类利益的多样性与异质性,使得人们的追求不可能与任意一种单一的道德秩序相契合。只有回到亚里士多德那里,依据诸如实践,还有个人生活的叙述统一体,以及道德传统的概念,"善"才能真正被得以阐释。在这里,必然是亚里士多德,而非尼采。尽管尼采察觉出当代道德的散漫无序与混乱状态,并提出了他的"超人理想"。[2] 但在这个超人理想中,"伟人"是不能进入以共同的标准、德性、善来传递的关系之中的,且"伟人"本身就是他自己的权威,他和别人的关系便是这种权威的实践体现。尼采的理论最终失败了,他的"超人理想"在迄今为止的人类社会中的任何地方都找不到对其而言的善。所以,他的超越不过是在他自身那里罢了,他只是为自己颁布了新的规则和新的德目表而已。实际上,尼采的理论最终走向的是某种非道德主义,甚至是道德虚无主义和德性虚无主义。在麦金太尔看来,尼采的失败,主要原因是他抛弃了亚里士多德的传统,即没有解决对德性传统的摒弃问题。[3]

---

[1] [美]麦金太尔.追寻美德[M].宋继杰译.南京:译林出版社,2011:296.
[2] [德]尼采.尼采全集(第6卷)[M].周国平译.上海:上海人民出版社,1986:13.
[3] [美]麦金太尔.德性之后[M].龚群,戴扬毅等译.北京:中国社会科学出版社,1995:323.

5. 德性：源自实践内在利益的需要

麦金太尔认为，实践体现了人与人之间的合作方式，是力图达到某些卓越标准的活动过程。实践的内在利益是某种实践本身所特有的；而外在利益是一种偶然性利益，达致外在利益的实践是能够改变的。

个体实践内在利益的获取，必须要以个体的德性为前提。德性与实践的关系包括四个方面：

其一，没有德性，实践就无法维持。德性作为人的一种优良品质，是人与人之间实践活动联系的纽带。无论个人的立场或者社会的具体道德准则是什么，人们都必须要用德性来规范自身和他人。若人们不具有良好的德性，无论一种道德规则是多么完备，都不可能对人的行为产生作用。

其二，无论时代变迁，德性始终维持着实践内在的现存关系。实践不可能拥有一些永远固定的目的，因为目的本身是随着活动的历史而改变的。但是，对传统的学习、对过去的联系之所以是必需的，是因为德性恰恰是用同样的理由、同样的方式维持着实践内在的现存关系。

其三，德性促使人们关注实践的共同利益。相对于社会机构的竞争来说，人们对实践的共同利益的眷注往往是脆弱的。正是在这种状况下，德性的实质性作用越发凸显、越发珍贵。因为，无论是社会机构，还是人类共同体，它们的制度的产生及其本身的维持，都具有实践的各类特征，都需要有实践的内在利益、公共利益，因而德性对其成员来说是必不可少的。否则，内在利益无法维持，实践也就名存实亡了，实践也就不再是"实践"了。

其四，实践外在利益的获取，确实在某种程度上促进了德性的养成。在本质上，外在利益就是人类欲求的功利对象。但是，在获取如声望、权势等外在利益的经验过程中，实践主体发现抑制自己的某些行为，养成某些真诚、正义、克制、感恩等品质，可以使自身更接近自我欲求的外在利益、外在需求。这与曼德维尔、斯密以及韦伯所推崇的那种"私欲促进公利""主观利己，客观利他"的观点便不谋而合了。

实践是麦金太尔德性理论中的重要部分。正是"实践"，体现出麦金太尔与亚里士多德德性观点的异同。两者的不同之处主要表现在：一方面，尽管麦金太尔的德性论也是属于目的论的,但是它并不借助于亚里士多德的形而上的生物学。

另一方面,麦金太尔认为正是因为人类实践的多重性,以及对利益追求的结果的多样性,人类才更需要德性;而在亚里士多德那里,德性显得是如此地脆弱,因为他认为这是由人性的缺点所造成的,即正是由于人性有缺点,人类才需要德性。

两者的相同之处有三,也就是说,麦金太尔的德性论有三点明显是来自亚里士多德的:

第一,麦金太尔延续了亚里士多德对一些德性概念的理解与区分,如实践理性的结构等。

第二,麦金太尔承袭了亚里士多德关于愉快、快乐的观点。在亚里士多德的理论中,活动的快乐与成功的快乐并不是人的目的所在,对卓越、成功的追求才是目的本身,但快乐是伴随着成功的活动而产生的。在麦金太尔看来,正是基于此种意义,人们容易把对卓越的追求与对快乐的追求相混淆,尽管这种混淆是无害的。但若把此种特定意义上的快乐与其他形式的愉悦相混淆,却是有害的。因为有些愉悦是同财富、地位、声望等外在利益相关联的,并不是所有愉悦都是由获取内在利益的活动所产生的。这就势必造成了一些由金钱、虚荣所带来的快乐的假象。

第三,麦金太尔用亚里士多德主义的实质方式,将评价与解释连接起来,即从基于亚里士多德主义的立场来识别某种行为是否表达了某种德性。如一个城邦的命运是可以从一个暴君的非正义里得到想要的说明的。在这里,若不提到关于暴政、暴君的评价,就很难将这个正义德性解释清楚。

6. 德性:依托于个人生活的整体

麦金太尔指出,根据实践而定义的德性,还需要有其他的东西来加以补充。这个东西就是一个至上的整体生活及其目的,否则某些个别的德性概念就只是部分的、不完全的。也就是说,将个人的生活视为一个统一体的善,来构建整体生活的善,可以超越实践的有限利益。

在把个人的生活视为一个整体的时候,一般会遇到两种阻碍:第一种阻碍表现在社会领域。个人的生活往往被分隔成许多片段,如工作和休息分离、个人生活和公共生活分离等。在每一个片段中,都要求具有不同的准则及行为模式,而不同的德性又是确保不同片段生活取得成功的重要因素。第二种阻碍表现在理论领域。如以原子论的方式,依据一些简单的成分,来思考人的行为等。

社会领域中个人生活的分裂,使得人们忽视了个人在叙述秩序中的完整性;而理论领域中的一些研究分析,使得分裂的个体似乎在理论上找到了依据。但是,事实上,当个人与其所扮演的角色分离时,个人生活的整体性消失时,人们的生活就仅仅呈现为一系列不连贯的实践罢了,而这些实践、行为却只有置于整体的因果秩序、时间秩序中才能够被理解。因为个人生活的整体性就是一种叙述追求的整体性。例如,人们的生活有可能在某些方面遭遇失败,但是在将个人的生活视为一个整体时,它的成功或失败,并不是以一次被叙述为失败的体验来决定的。阶段性目的只是整体目的的一个组成部分、一个有机成分而已。

因此,对人而言,善是源自实践,并在超越实践的过程中,在将善置于人与人生活的整体的过程中,来获得各种德性的目的和内容的。这样的一种善(公共善)和德性(公共德性),将有助于我们理解生活的整体性与连续性。

在麦金太尔看来,德性不仅维持着实践,使我们获取实践的内在利益,而且还使我们能够维持一种整体生活的视阈,借此克服我们所可能遭遇的诱惑、伤害、危险、涣散等,从而在对相关类属的善的追求中支撑我们、充实我们。[①] 在这里,德性不仅具有实践的范畴,还具有了空间上的、时间上的意义。

7. 德性:体现并改变着传统——对传统道德弃旧扬新

一方面,德性存在着三个方面的传统因素。首先,德性主体乃历史的承载者。麦金太尔指出,无论人们是否意识到,在事实上每个人都是传统的承载者之一。它构成了个体生活的既定部分,也成为了个人道德的起点。就

---

① [美]麦金太尔. 德性之后[M]. 龚群,戴扬毅等译. 北京:中国社会科学出版社,1995:277.

像桑德尔(Sandel)认为的那样,我们是家庭、共同体、民族、人民中的一员,是"革命的子民",也是"共和国的子民",还是"历史的承担者"。这些"忠诚"比我偶然拥有的或者在任何指定情况下信奉的目标更具有价值,这些"忠诚"超越了我自愿承担的义务与作为一个人的天职。但是,这并不是鉴于我同意的原因,而是因为这些或多或少的持久的承诺与情感,在一定程度上共同确定了我"人之为人"的含义。①

其次,德性实践是传承历史的实践。实践本身具有历史性,而德性是维持实践的前提,那么德性实践也必然是历史的。在这里,德性不仅要维持对实践现在的关系,还要维持对过去的关系,甚至是对将来的关系。只有通过传统,具体的德性实践才能够被传递、被赋予新的形式。

最后,德性概念是具有历史性的。德性,即使其所存在和适用的环境在不断地发生改变,但是其源头确实是、始终是在于历史的。麦金太尔指出,一些学者没有将选择的必然性的来源,追溯到社会的道德历史方面,而是将它推至道德概念本身的性质上。那么,假使道德概念确是非历史性的,且只有一套可以适用的概念,在此种情况下,这种企图才得以成功。而道德哲学史如是告诉我们,这是错误的,因为道德概念本身是有其历史的。② 就像万俊人所言,在亚里士多德传统中,主要是通过苏格拉底、柏拉图、亚里士多德和阿奎纳相继的辩证法事业精神来解释的;在奥古斯丁传统中,主要是通过服从《圣经》来启示神的权威,并经由新柏拉图主义思想的传递来作出解释的;在苏格兰传统中,主要是诉诸反驳前辈的方式,从他们已经接受的前提起开始争论的。③

另一方面,德性不仅存活于传统之中,也作用于传统。因为传统总是在衰败、分解、消失着,而伴随着传统的维持与强化的是德性的践行与丰富,伴随着传统的败坏的是德性的摧毁。麦金太尔指出,一个活着的传统是一种

---

① Sandel. Liberalism and the Limits of Justice [M]. Cambridge: Cambridge University Press,1998:22.
② [美]麦金太尔. 伦理学简史[M]. 龚群译. 北京:商务印书馆,2003:347.
③ 万俊人. 20世纪西方伦理学经典(IV)[M]. 北京:中国人民大学出版社,2005:111.

社会性、历史性的具体化了的论证,且恰恰有几分是关于构成传统的利益的一种证明。① 个人对利益的追求,在某种程度上是被引导于传统所限定的范围之内的,不论这个传统是为个人特殊的,还是为社会一般的。而情感主义将德性传统抛弃了,使得个人利益大行其道,这正是导致当下道德混乱、无序的主要原因。因此,一种传统,正是通过向其他传统学习,并客观面对、正确看待它自身迄今为止的所有解释的不充分性或者错误,来证明它的合理性的。这也是传统之中的德性发挥作用的体现。

在麦金太尔看来,亚里士多德认为的"著作一旦完成,那么前辈们的著作便可弃如弁髦,且毫无损失"的观点,缺乏历史意识,排斥了思想传统,这严重制约了他的叙述观,尽管这并不影响他使古典传统变成一种理性传统。所以,在对待传统的态度上,麦金太尔与亚里士多德之间是存在分歧的。

桑德尔在批判西方个人主义的时候,指出"权利优先于善"是一种邪恶、一种谬误。② 其实,在罗尔斯的《正义论》中,"权利"指向人们所拥有的基本的自由、机会、收入、财富和自尊的基础。这是在一种延续启蒙运动以来的时代语境下的理解与表述。按照社群主义学者的考察,在"行为的善"与"至善,社会的基本好"之间的价值判断中,应该选择历史的维度,把整个人类的幸福、至善融入自己的信仰体系之中。

尽管麦金太尔对西方道德合理性论证的过分否定有待商榷;尽管他对亚里士多德德性论的阶级性没有提及并厘清,意味着他并没有超越亚里士多德的阶级性;尽管他的历史主义方法存在不彻底性,但是这并不否认他在德性论上的思想贡献、方法论意义和现实价值。

第二节 近代中国公共德性探寻之思想理念

公共德性是随着公共生活的确立才萌发出来的,是随着人的主体意识

---

① [美]麦金太尔.德性之后[M].龚群,戴扬毅等译.北京:中国社会科学出版社,1995:280.
② Sandel. The Procedural Republic and the Unencumbered Self [A]. In: Public Philosophy: Essays on Morality of Politics [M]. Cambridge: Harvard University Press, 2005:157.

的觉醒才逐渐澄明与被守护的。因此,在中国历史发展进程中,作为一种表征亲社会行为的德性样态与内核品质,公共德性是在中国近现代社会生活中才出现的,实际上它贯穿于近代中国社会的整个探索发展之路。19 世纪,严复提出"开民智、鼓民力、新民德"的国民性改造主张。梁启超、马君武、鲁迅、林语堂等"五四"期间的新文化运动思想家,曾从不同角度谈论过"公共心""公共意识""公德心"等,意指公共德性之培育对于中国民众的启蒙,以及推进民族发展的重要意义。

一、私德与公德:道德转型中的公共德性吁求

早在一百多年前,就有学者提出关于改造国民性的主张,实质上开启了对公共德性的讨论。

(一)严复:建立"新民德"

在近代中国,严复是较早且较系统地从理论高度解释中学与西学之间关系的思想家之一。他关于中国积弱原因以及中国强国富民之道的观点,影响深远。

严复认为,西洋之民是"尊且贵"的,而且"过于王侯将相",而中国之民是"卑且贱"的,而且"皆奴产子也"。如果发生战争,西洋之民会为"公产公利"而战,而中国之民则是"奴为其主斗耳"。[①] 在他看来,中西之间的差距,绝不是单纯的外在的船坚炮利问题,也不是物质文明与精神文明的问题,而是全方位的。因为,中国最重"三纲",而西方首明"平等";中国以"孝"治天下,而西方以"公"治天下。[②] 中国传统文化中"忠孝仁义"的四根柱子结构,便构成了传统中国"家天下"的社会结构。

严复提倡上下一心,建立"新民德"。具体来说,就是要学习西方,实行普选制,建立议院;就是要从根本上改变"一人私天下"的皇权,代之以

---

① 严复.辟韩[A].丁守和.中国近代启蒙思潮(上卷)[M].北京:社会科学文献出版社,1999:252.
② 严复.论世变之亟[N].天津直报,1895,2(4—5).

"合天下之私以为大公";就是要增强国人的权利意识,增强爱国心和公德心。

(二) 梁启超:公私德说

梁启超对近代中国发展道路的忧虑,体现在其对国民性的批判上。他认为,我国国民最缺之一为"公德",即没有"新道德"。在他看来,这是中国日渐衰落的主要原因。虽中国道德之发达"不可谓不早",但"偏于私德",而"公德殆阙如"。《论语》《孟子》诸书所教的,"私德居十之九",而"公德不及其一"。[①] 中国数千年的"束身寡过主义",实为"德育之中心点",且范围"日缩日小",而出此范围外的言论行事,欲为"本群本国之公利公益"有所尽力者,就会被冠以"不在其位,不谋其政"而排挤。所以,梁启超不免发出"国民益不复知公德为何物"[②]的感慨,故"国华日替"。梁启超的"公私德说",开启了近代中国对国民性批判的新视阈,后来的许多学者抨击国人缺乏"公德心""公共心",也正是循着这一思路演进的,并在学界形成了于20世纪初经久不息的批判声音。

通过比较中西社会在政治、经济、文化方面的差异,梁启超提出了极富魅力的"维新改良方案"。他指出,中国必须首先"发明一种新道德"[③],以求"固吾群、善吾群、进吾群之道",并以群力来促国力。而若"只知私德",而"不知有公德",则会"政治不进"。

但是,我们不能由此而认定梁启超是主张"唯公德、弃私德"的。其实,《新民说》的"私德说"部分,是与"公德说"部分共同体现着其道德思想的。这是因为,私德主要是关于个人修为与家族伦理的,"私德者,人人之粮",所以不可"须臾离者"也。[④] 在他看来,私德与公德的关系,并非"对待之名词",而是"相属之名词"。其一,私德乃公德之基础,故"欲铸国民",必须要以培

---

① 梁启超. 新民说[M]. 郑州:中州古籍出版社,1998:62.
② 梁启超. 新民说[M]. 郑州:中州古籍出版社,1998:63.
③ 梁启超. 新民说[M]. 郑州:中州古籍出版社,1998:65.
④ 梁启超. 新民说[M]. 沈阳:辽宁人民出版社,1994:176.

养"个人之私德"为"第一义"。① 养成了私德,德育之事就"思过半焉"矣。其二,私德是对公德的补充,不是因为旧道德发挥了如此积极的调节社会的效力,而是由于"公德未立",必须仗以私德来调节社会秩序,所以"无私德则不能立","无公德则不能团"。其三,他主张"公德者""私德之推"也。尽管这种"私德外推即为公德"的观点,缺少必要的内在关联性与说服力,但是他的"公私德说"互补观点的深刻性,超越了当时同时代的思想者,更是许多"五四"时期的新学者所无法达致的。

(三) 马君武:私德乃公德之根本

马君武是 20 世纪初对公德进行辩说的先贤之一。他对公私德辩证关系的论述尤为精彩,可谓分析得精辟通透、入木三分。

马君武认为,私德即"对于身家上之德义",公德即"对于社会上之德义"。② 中国之私德者,以之"养成驯厚谨愿之奴隶则有余",以之"养成活泼进取之国民则不足"。③

他提出,私德是公德的根本,"公德不完"之国民,其"私德亦不能完"。欧美公德发达的原因,"全在私德之发达"。欧美人"爱自由",而后"人格乃尊",成为一国中之"主人",而不是一国中之"奴隶"。所以,他觉得私德与公德是"一物而二名","私德不完"的话,则"公德必无从发生"。如果把"私德完全"表达为仅仅是"束身寡过""存心养性""戒慎恐惧"等小节的话,那么这乃是"奴隶国"所谓的私德,而非"自由国"的私德。

马君武对于中国公德及传统道德虚假性的批判,体现在对中国恒言"公而忘私""国而忘家"的批判上。他指出,这虽是"极美之言",但常常是"能言而不能行",是徒有用之为"作文之资料"和"口头之谈柄"而已。④

在马君武看来,公德产生的原因,是自人民知有"公共之乐利"始也,而

---

① 梁启超.新民说[M].沈阳:辽宁人民出版社,1994:163.
② 莫世祥.马君武集(1900—1919)[M].武汉:华中师范大学出版社,1991:152.
③ 曾德珪.马君武文选[M].桂林:广西师范大学出版社,2000:189.
④ 马君武.论公德[N].政法学报,1903,4(27):1.

野蛮未开化的民族,是不知有"公共之乐利"的。于是,他较早地提出了国民性的改造问题,呼吁着国民"真权利""真自由""真自治"的实现。

二、引西与济国:道路选择中的公共德性追寻

近代中国先贤们从中国文化传统的思想语境和雪耻强国的现实情境中,获得对公共德性的最初认知,试图征引西方的启蒙思想以济中国社会封建之穷。

(一) 陈天华:讲公德,有条有纲

陈天华一生救亡图存,在《猛回头》中,他以强烈的爱国热情和革命勇气,揭露列强瓜分中国已迫在眉睫,对当时国民产生极大影响。他提出"救国十要",其中第二要就是"讲公德,有条有纲"。他谴责当时"不讲公德""只图私利"的状况,并指出若是大家"都讲公德",凡"公共事件"尽心去做,别人"固然有益",则"你也是有益"的。在他看来,强盛的国家,没有一个是不讲公德的。所以,他指出"为人即是为己",但为己断不能仅仅"有益于己",若不讲公德,只讲自私,则不要等到他人来灭己,恐怕自己也是要"灭了自己"的。①

《猛回头》以这样一种既通俗深刻又发人深省的表达方式,启迪着当时国人的公德心,激发着人们的革命斗志,成为辛亥革命时期宣传革命的号角和警钟,也是当时众多革命宣传作品中出类拔萃的作品。

(二) 陈独秀:新文化,公共心

陈独秀是新文化运动的旗手,一生一心为公,揭露和批判旧思想、旧制度、旧文化和社会的种种弊病。他创办的《新青年》杂志,是中国近代历史上影响最大的刊物之一,教育影响了整整一代人。

陈独秀对中西方的国民性也进行过差异比较。他指出,西洋民族"以战争为本位",而东洋民族"以安息为本位";西洋民族"以个人为本位",而东洋

---

① 陈天华.猛回头[A].刘晴波,彭国兴.陈天华集[M].长沙:湖南人民出版社,1958:45—46.

民族"以家庭为本位";西洋民族"以法治为本位",而东洋民族"以感情为本位";西洋民族"以实利为本位",而东洋民族"以虚文为本位"。① 在他看来,中国人是"一盘散沙""一堆蠢物",人人怀着"狭隘的个人主义",完全没有"公共心",还有更坏的"贪贿卖国""损公肥私"行为。② 我们可以理解陈独秀在忧时感事之时的偏激之言,但更为他这种忧国忧民的痛惜之情和启蒙国人醒悟及革命的新文化所触动。

陈独秀认为,欧美文明进化的根本原因是法律上的"平等人权",伦理上的"独立人格",学术上的"破除迷信"和"学术自由",所以不免发出"狂奔追之,犹恐不及"③的感叹。他号召青年们发愤图强,成为自主而非奴隶之人,进步而非保守之人,进取而非退隐之人,世界而非锁国之人,实利而非虚文之人,科学而非想象之人。

三、救亡与启蒙：价值探求中的公共德性追求

近代中国先贤们所关切和探讨的"公德""公共精神""公共心""公共意识"等,主要是基于近代中国启蒙和救亡的历史使命,可以视为对公共德性的最初探讨。

（一）鲁迅：对传统道德美名下"私利"的批判

鲁迅是中国文化革命的主将,他是较早意识到并推动着中国思想革命的文学家和革命家之一。他对国民性的批判是同样深刻的,并把对国民性的改造作为自己的第一要务。"怎样才是最理想的人性?""中国国民性中最缺乏的是什么?""它的病根何在?"实际上,鲁迅的许多小说,都是围绕这三个问题进行诠释的。

在《论雷峰塔的倒掉》中,他认为雷峰塔砖的挖去,不过是"极近的一条小小的例",再如龙门石佛"大半肢体不全",图书馆中的书籍"插图须谨防撕去",

---

① 陈独秀文章选编(上)[M].北京：生活・读书・新知三联书店,1984：97—100.
② 陈独秀文章选编(中)[M].北京：生活・读书・新知三联书店,1984：132.
③ 陈独秀文章选编(上)[M].北京：生活・读书・新知三联书店,1984：160.

凡是"公物或无主的东西",如果是"难于移动"的,则能够"完全的"已经不多了。在他看来,这些毁坏行为的原因,既不是如"革除者的志在扫除",也不是如"寇盗的志在掠夺或单是破坏",而仅仅是为了眼前"极小的自利",为了乡下人"将塔砖放在自己家中,凡事都必平安"的迷信,则对"完整的大物暗暗的加一个创伤"。他觉得,如果这样做的人多了,创伤"自然极大",而在雷峰塔倒掉之后,却难于知道"究竟是谁加害"的。但这些乡下人所得到的,"却不过一块砖"而已,而这砖将来又势必将被"别一自利者所藏",终究"至于灭尽"。①

鲁迅对国民性中"自私"的批判是极具现实性和深刻性的。为了"私利"而"食人""杀人",更可怕的是这些与中国传统文化"忠""孝"等这样一些基本概念联系在一起,在传统伦理道德的美名下"食人"。在他看来,这种大规模的肆无忌惮的"私利",是被中国传统文化,至少是被儒家学说所默认和鼓励的。正是这种对当时社会现实的深刻认识和批判,赋予了鲁迅这一时期的作品以鲜明的革命性和超越性。

(二) 林语堂:公共精神与效忠家族之辩

林语堂在他的作品中表达着对中国社会生活的深切关注。在《吾国与吾民》中,他认为中国是一个"个人主义的民族",人们系心"各自的家庭"而不知有"社会",在中国人思想中本无"社团"这个名词的存在。还有一些新名词如"公共精神""公共意识""社会服务",也是如此,中国原本没有这些东西。在他看来,这种只顾"效忠家族"的心理实为扩大的"自私心理"。

他指出,这是因为在当时的国人看来,"社会工作"常被视为干预他人的事情。人们不理解这种热衷于"社会改革"或其他任何"公共事业"的事情的用意何在,最多是被认为在向"社会公众"献殷勤罢了。② 这种不效忠家庭、不帮助亲戚、不图上进、不想升官发财的行为,反而遭到民众质疑。

林语堂清醒地意识到,中国社会生活主要是以家庭为单位的,所有的公

---

① 鲁迅全集(第1卷)[M].北京:人民文学出版社,1981:194.
② 林语堂.吾国与吾民[M].北京:宝文堂书店,1988:157.

共活动都被统揽于家族制度中,个人活动或自由是受到严格限制的。当时国人公共意识缺乏,公共社交活动延异,人们无心关怀他人处境,因为这些行为与中国传统的家族血脉关系体是相违背的,思想未受到启蒙开化的民族是无法理解公共为何物的。

四、历史局限:近代中国公共德性探索的艰难

近代中国先贤们所关切和探讨的"公德""公共精神""公共心""公共意识"等,主要是基于近代中国启蒙和救亡的历史使命,以及在西方文明冲击下所作出的文化回应,可以视为对公共德性的最初探讨。

他们从中国文化传统的思想语境和雪耻强国的现实情境中,获得对公共德性的最初认知,试图征引西方的启蒙思想以济中国社会封建之穷,可以说是非常及时和可贵的。但是他们的探讨大多只是停留在纯粹的国民素质见解或者道德文化变革层面,且没有深入问题的实质形态和产生根源,也没有进一步提出具有可行性的明晰主张,因而不免陷入某种愤世嫉俗的泛论和抱怨之中。当然,这也是受当时的历史局限所致。但是,先贤们启蒙救亡的探索之路,也为当今社会公共德性的发展留下了丰富的思考价值和精神力量,这段探索历史对于中国来说具有不可磨灭的贡献和意义。

第三节 马克思主义公共德性思想

一、公共性:马克思主义意识形态的本体之思与建构之路

深化对人存在样态和发展本质的认知,实现人在道德价值观念、行为方式等方面从传统人到现代人的转化,蕴含着对公共德性的吁求。这就如同康德的"人是目的"那般。马克思在《黑格尔法哲学批判导言》中也谈到"人是人的最高本质",意味着人是人类一切活动的最高原因与最高目的,它是衡量一切事物的根本标准。

（一）何为意识形态？

意识形态是一个抽象的、严肃的而又敏感的概念，但又是一个常用且用得比较含混的概念。

《简明大不列颠百科全书》将意识形态界定为一种"观念体系"，旨在"解释世界"并"改造世界"。它是"社会哲学"或"政治哲学"的一种形式，其中理论因素与实践因素具有同样重要的地位。[1]

迪韦尔热（Duverger）指出，意识形态是一种"维持或摧毁""维护或批判"社会所采取的行动依据。[2]

费德勒（Federer）认为意识形态即"阶级意识"，是一切政治、哲学、法律、美学等思想的总和，反映了在社会形态中一定阶级的"政治状况""经济地位"和"历史地位"，表达了一定阶级的"政治目的"和"经济利益"，是与其他阶级的关系与矛盾的观念表现。[3]

卢卡奇（Lukacs）将意识形态理解为"对现实的思想描述形式"，是"社会斗争的工具"，其目的是使人的社会实践具有活力、具有意识。[4]

葛兰西（Gramsci）将意识形态区分为"任意的意识形态"与"有机的意识形态"。[5] 前者是从否定的意义而言，表明意识形态代表着"个人思辨"，是对社会历史的"歪曲反映形式"；后者是从肯定的意义而言，指出意识形态是一定"社会结构的反映形式"，是现代生活所必需的。

意识形态的界定各有不同，但其中所表达的意思也有相通之处。本书认为意识形态是一定阶级基于自己特定历史地位与根本利益，以一定理论形式表现现存社会关系（尤其为经济关系）的思想、观念、情感、行为准则的

---

[1] 简明大不列颠百科全书(第9卷)[M].中国大百科全书出版社《简明大不列颠百科全书》编辑部译编.北京：中国大百科全书出版社,1985：101—102.
[2] [法]迪韦尔热.政治社会学——政治学要素[M].杨祖功,王大东译.北京：华夏出版社,1987：9.
[3] [德]费德勒.辩证唯物主义与历史唯物主义[M].郑伊倩,王亚汶,赵晓红等译.北京：求实出版社,1985：489.
[4] [匈]卢卡奇.社会存在本体论(第2卷)[M].白锡堃等译.重庆：重庆出版社,1993：397—399.
[5] [意]葛兰西.实践哲学[M].徐崇温译.重庆：重庆出版社,1990：64.

体系。它是一种具有阶级烙印的思想体系。其最本质的特性就是阶级性。就像列宁所说的那样,任何时候都不存在"非阶级的"或"超阶级的"意识形态。① 意识形态总是代表着社会某些阶级、集团的根本利益,以系统的理论形式表达着一定社会阶级、集团的根本政治要求和经济要求,是对社会经济基础与政治制度的直接反映。

(二) 意识形态的最初意涵:肩负着澄明和守护人类公共性使命之理论体系

在很多人看来,"意识形态"就是一个贬义词,是"虚假的意识""思想的迷雾""精神的幻象"。然而,就其功能来说,意识形态最初的蕴意指向一种"负有使命的""拯救人类的""为人类服务的"使人类摆脱过去"种种偏见的"科学。② 由此可见,意识形态是肩负着澄明和守护人类公共性使命的理论体系。

"意识形态"之所以后来被认定为一个贬义词,主要是因为一些意识形态企图遮蔽自身的阶级性本质,却又拼命想要庇护自身阶级的根本利益,而呈现出来的无法规避的虚伪性。其实,阶级性作为意识形态的主要特征,无论是旧意识形态,还是科学意识形态,都是具有的。因此,其关键不在于"要不要辩护",而在于"为谁辩护",其真理性就取决于它代表的那个阶级,究竟在多大程度上反映了历史的必然性,反映了全体社会成员的正当利益。

(三) 旧的意识形态:打着虚伪的"公共性"旗号,维护极少数人的剥削利益

马克思曾指出,每一个企图替代旧统治阶级的新阶级,为了达到自己的目的,必须要把"自己的利益"说成全体社会成员的"共同利益",也就是赋予"自己的思想"以"普遍性形式",把它们描述成"唯一合理的""具有普遍意

---

① 列宁选集(第1卷)[M].中共中央马克思恩格斯列宁斯大林著作编译局编译.北京:人民出版社,1960:256.
② 郑永廷,叶启绩,郭文亮等.社会主义意识形态研究[M].广州:中山大学出版社,1999:2.

义"的思想。① 在这里,马克思主要批判的,其实就是"德意志意识形态"的虚假性。所以,马克思才会发出这样的感叹,当时几乎"整个意识形态"不是将人类史归为一种"歪曲的理解",就是归为一种"完全的抽象"。

不难看出,一切旧的意识形态都是扶植于剥削社会生产关系基础之上的,它们维护的是少数人的剥削利益,维系的是巩固剥削统治的制度,所以它们的这种固有的、不可克服的局限性必然决定了它们反人类、反社会的本性。因为人类的自由与解放,并不在于极个别人的自由与解放,而是在于整个人类,至少是最大多数人的自由与解放。由此可见,一切旧的意识形态不可能也绝对不会主张与维护被压迫阶级、被剥削阶级的自由、解放。一切旧的意识形态都需要打着虚伪的"公共性"旗号,以实现与维护极少数人的剥削利益,达到与维系本阶级的根本利益。

(四) 马克思主义意识形态:基于人类文明共同的先进成果之上的科学意识形态

马克思主义意识形态和一切旧的意识形态的根本区别,就在于它们所追求的及所展现出来的"公共性""公共德性"到底是真实的,还是虚伪的,是最大多数人的,还是极少数人的。

马克思主义意识形态是马克思与恩格斯在批判继承前人的理论成果基础之上,积极置身于无产阶级革命而得出的科学理论体系,它属于意识形态发展历史上的科学新成果、新阶段。就像列宁所说的那样,之所以这样认为,是因为凡是人类社会所造就的一切,马克思都用"批判的态度"来加以审查,任何一点也不曾被忽略过去;同样,凡是人类思想所创造的一切,马克思都重新"探讨过""批判过",在工人运动中"检讨过",因而就得到了那些"被资产阶级偏见所限制住的结论"。② 这是一次意识形态领域中的革命性变

---

① 马克思恩格斯全集(第3卷)[M].中共中央马克思恩格斯列宁斯大林著作编译局编译.北京:人民出版社,1960:54.
② 列宁选集(第4卷)[M].中共中央马克思恩格斯列宁斯大林著作编译局编译.北京:人民出版社,1972:347.

革,象征着科学意识形态的真正建立。

马克思主义意识形态的科学性,表现在它是建立于对社会发展规律的科学概括基础之上的,有着对社会发展必然性的把握,是以"公共性"作为其现实关怀和终极关怀的思想体系,以"公共性"为其本体之思与建构之路。虽然它具有阶级属性,但其代表的阶级是无产阶级,属于无产阶级思想体系,其"公共性"表征的最大多数人的公开性、共同性,是真实的公共德性的自然流露,由此便克服了一切剥削阶级与小资产阶级思想体系所固然存在的阶级片面性和狭隘性。而无产阶级的根本利益是和人类彻底解放的发展趋向相一致的,所以对客观规律的认识越清晰,对客观真理的把握越深入,就越合乎无产阶级利益及彻底革命的要求。正如列宁在批驳俄国马赫主义者(即经验批判主义者)波格丹诺夫(Bogdanov)对相对真理的误解时所说的那样,"任何意识形态"都是受到历史条件框囿的,可是"任何科学的意识形态"(如非宗教的意识形态)是与"客观真理""绝对自然"相契合的,这是无条件的。①

由此可见,马克思主义意识形态是一种科学意识形态,是基于人类文明的共同的先进成果之上的意识形态,是以"公共性"为其本体之思与建构之路的意识形态,是最富有公共德性的意识形态。

二、马克思主义的公共实践观:实践的公共合理性

人类的公共生活蕴含着个人性的实践、阶级性的实践、社会性的实践。人类生活的公共性体现了生活的实践性,是生活实践性的历史和逻辑相统一的产物。人类生活的公共性是无法脱离实践性这个首要的、基本的生活维度的。因为倘若离开了实践性,公共生活中的思想和行为,在本质上最多是对历史社会中某一阶层、阶级的"个体性私人生活"和其狭隘的"共同体生存"的正当性、合法性、合理性的一种辩护而已;倘若离开了实践性,公共生

---

① 列宁选集(第2卷)[M].中共中央马克思恩格斯列宁斯大林著作编译局编译.北京:人民出版社,1972:135.

活观念与现实的关系并不是一种真实的、相契合的关系,而是一种经过粉饰的、失实的关系。同时,也就是在人类的公共生活实践与交往之中,在私人利益互相达致的共同领域之中,公共利益得以产生。它既表现为对私人利益的制衡,又体现为对私人利益的捍卫,更展现为对其局限性的超越。所以说,实践是人的存在方式,公共实践、公共参与活动是合规律性同合目的性的统一。

正如马克思所说的那样,人类历史发展过程的"钥匙",不应该到被黑格尔所描绘的"大厦之顶"的国家中去找寻,而是应该到被黑格尔所藐视的"市民社会"中去找寻。[1] 这也就意味着,人类公共生活的合理性,不是既定的,也不是现存的,而是历史的,是实践生成的。正是基于对公共世界实践性或者说实践的公共合理性的理解,马克思展开了对具有"资产阶级私性色彩"的市民社会的批判。若缺少这种"实践批判",则对现实的理解至多只是达到了对市民社会的直观了解而已。[2] 而且这种批判已不再停留于过去的那种空洞的伦理道义义愤和个人简单的非理性的狂热之态,而是以一种自觉的科学"公共知识论"立场,以客观的实证精神,艰辛地探索着社会的正义、公平等如何实现的机制和演进方式,悉力证实着公共生活的实践性、实践的公共合理性、公共的实践合理性。[3] 此种实践与经验有着天壤之别,经验是带有个体性的,而实践是总体性的,因而使得实践必然具备公共合理性。

三、马克思主义理论的归宿:实现人的自由全面发展的类生命状态

马克思主义诞生于自由资本主义时代,其现实背景是一个私有制、剥削制充分发展的时代。当然,我们也不可否认,随着人类进入资本主义社会,

---

[1] 马克思恩格斯全集(第16卷)[M].中共中央马克思恩格斯列宁斯大林著作编译局编译.北京:人民出版社,1964:409.
[2] [德]恩格斯.路德维希·费尔巴哈和德国古典哲学的终结[M].中共中央马克思恩格斯列宁斯大林著作编译局编译.北京:人民出版社,2005:52.
[3] 袁祖社.文化"公共性"理想的复权及其历史性创生——马克思主义哲学的一种新的解释视域[J].学术界,2005,(5):17—26.

生产力便以前所未有的速度向前发展着。然而,在资本主义表面繁华的背后,却是一幕幕血腥掠夺、残暴压榨的现实景况,并伴随着一轮轮周期性爆发的经济危机。在马克思看来,被称为"将给人类带来福音"的社会制度、"理性的体现"的资本主义社会,竟如此面目狰狞。人类合理的公共生活样态到底是怎样的? 正是基于对这些当时的时代课题解答的责任感与历史感,马克思毅然投身于理论研究。

马克思对资本主义生产中最根本的、最重要的现象,即异化劳动,进行了透彻地分析与批判。他所揭示的异化的一个重要方面,就是人的类本质与类生活的异化。在马克思看来,"类"既指向人的共性,又指向人的本质;"类"不仅是一种自觉自由的活动,而且体现了一种普遍的能动的活动关联。在这里,马克思所说的"人的类本质的异化",意即异化劳动使得人与"类"相异化了,异化劳动使人把类生活变为维持个人生存的手段。[①] 这是对人的公共性价值的践踏与摧残,也是对民众公共生活的宰制与蹂躏。

马克思从理论与现实双重维度,揭示了资本主义"公共"生活的"私性"本质及其内在困境,抛出了"自由人联合体"的类生活愿景,展望了"人的自由全面发展"的理想的类生命状态,论证了实现这一人类共同美好生活愿望的实践路径,为我们展示了一种新的生存模式与生命文明形态。

第四节 公共德性的心理学话语

一、阿德勒:对公共生活的社会兴趣与心理需求

阿德勒(Adler)是个体心理学的创始人,也是现代自我心理学之父。他将精神分析由生物学向度的本我转向社会文化向度的自我心理学,这对人本主义心理学的发展具有先驱性价值。

[①] 马克思恩格斯全集(第42卷)[M].中共中央马克思恩格斯列宁斯大林著作编译局编译.北京:人民出版社,1979:97.

首先，人生而具有社会生活的心理需求。在阿德勒看来，人天生即社会存在物，人的行为受到社会文化历史发展的影响，是由其社会生活的体验与经历所决定的。换言之，人的行为并非完全是由其生物学的本能力量所推动的，社会力量发挥着更大的作用。社会活动是个体自身发展进程中的关键力量，社会需要是人的行为发展过程中的核心因素，尽管这种需要存在着一定的个体差异。在社会生活中，人与人之间需要发生交往，并需要相互依赖、相互合作、共契发展。

其次，人的品质与品行的形成与生长，与其社会兴趣有着密切关系。正如阿德勒所言，人在本性上具有一种社会兴趣的禀赋。当个体知觉到自身是群体中的一员，是社会共同体中的一部分时，会产生对社会事务的积极关注与浓厚兴趣。[1] 社会兴趣就是个体在与他人发生交往，能够产生情感并发生认同效应的一种潜能，它是人所固有的一种社会性动机。社会兴趣不仅表现为一种涉及与他人交往的情感，也体现为一种对生活的认同能力与评价态度。社会兴趣有各种不同的呈现形式，如与别人合作的态度，在他人遇到困难时给予的帮助表现，对他人的思想和情感的一种将心比心、感同身受的理解能力等。阿德勒指出，社会兴趣的水平决定了个人生活意义的大小及其对社会贡献的程度，有无社会兴趣是衡量一个人是否健康的重要标准。从这个意义上来说，若要了解人的行为与品性，就必须分析他对别人的态度及其社会关系。阿德勒的社会兴趣理论，正是建立于对人的社会态度和社会关系研究的基础之上的。

最后，人的发展的优越性赖于其所处公共生活的优越性。在阿德勒看来，人的"社会兴趣"强调的是每个人作为社会成员之一，对于人类的发展及社会的兴衰都负有自身应尽的责任。他指出，那些"属于私人的意义"其实是完全没有意义的。因为，人们的目标和动作的真正意义仅存在于他与别人的交往之中，这就是其社会性发展的真正价值体现。从这种观点出发，他主张人们所追求的都不仅仅为个体自身之优越，人们所追求的乃个体所生

---

[1] [奥]阿德勒. 理解人性[M]. 陈太胜,陈文颖译. 北京：国际文化出版公司,2000：184.

存、生活于其中的那个社会之优越。也就是说,人承载着一种为他人、为社会的自然倾向与先天思想准备。人将自身所具有的那种追求向上的愿望与意志,转化为对社会、对公共生活的追求,并依赖于其所处的公共生活的发展及优越性。

二、格式塔心理学：整体大于部分之和

格式塔心理学是西方现代心理学的学派之一,倡导通过"整体的动力结构观"来探究心理现象,并主张"整体不等于部分之和,而是大于部分之和"。该学派的代表人物有韦特海默（Wertheimer）、苛勒（Kohler）和考夫卡（Koffka）。

首先,人的行为就是"自我"与"环境"不可分离的"行为场"。考夫卡用物理学中的"场"概念来解释人的行为。他指出人的这种"行为场"包括两大系统,一是环境（环境场）,二是自我（心理场）,它们是不可分割的,因为环境是自我的环境,而自我是环境里的自我。也就是说,这个"行为场"可以分为内化的活动,即"心理场",它是机体内部的活动,并受到诸多环境因素的刺激；外化的行为,即"环境场",它发生于机体外在,是一种环境中的活动表现。"行为场"是个体的一种社会性建构。

其次,心理现象是完形,即完整的格式塔,具有通体相关的组织结构。考夫卡认为,人的心理现象具有"整体的动力结构",而不能被人为地划分为各种不相干的元素。[1] 同样地,一切经验现象都存在着共同的"完形"特性,在生理、物理以及心理现象之间就存有对应的关系,即同型论,也就是意味着这三者是彼此同型的。这便是格式塔心理学对于心物和心身关系的一种理论解释。"完形"是一个有组织的、通体相关的结构,且本身含有鲜明意义,并通过相似法则、接近法则、闭合法则以及连续法则等发挥作用。总之,"完形"趋向的是一种完善状态,一种良善景况。

最后,"整体的动力结构观"给予我们启示以公共德性之价值。其实,

---

[1] ［德］考夫卡.格式塔心理学原理[M].李维译.北京:北京大学出版社,2010:81.

"整体不是部分之和"有两种可能性,既有可能"整体大于部分之和",又有可能"整体小于部分之和"。此种综合效应主要取决于部分之间的相互作用性质。当各部分以有序的、合理的结构构成整体时,整体就会出现全新的功能和效力,整体的功效就会大于各部分功效之和;而当部分以无序的、欠佳的结构构成整体时,就会出现损害整体功能发挥的情况,整体的功效就会小于各部分功效之和。可见,整体不是部分的简单相加或总和,整体是由其内部结构及性质所决定的。这种"完形"组织法标志着整体的意义存在。因此,我们也要以整体的动力结构观来看待人之公共德性。若尽可能多的人都能践行其在公共生活中的优良品质,则社会整体之德性情状必将大于每个个体品质力量之和,而出现"有意义的整体",出现更高的、更优的发展态势。这也是人之公共德性发展的环境所需,并推动着人之公共德性的持续发展,进而形成个体与其公共生活的良性循环动力结构。

三、哈特:道德同一性

将"自我同一性"理论加入道德领域之中的设想,最早是由哈特(Hart)提出的。[①] 哈特是美国道德教育心理学家,他对道德同一性的研究主要集中于其在人格理论上的应用。在哈特看来,同一性就是一种建构,就如同人格变量一般,反映的是不同人之间的差异,所以将同一性加入道德之中,就是为了研究为何有些人会比其他人更坚守道德。

其一,何为道德同一性?道德同一性,源自人的一种道德心理需要,意指人的道德情感、态度、行为、价值观等特质的整合统一,并表现为人对自身成为一个有道德的人的期待与定位,以及对自身道德身份感与道德形象感的社会自我意象图式。在社会生活中,道德同一性关系到个体能否将社会道德价值观融合至个体的自我同一性中去。一个具备道德同一性的人,往往具有自我一致的道德需要与态度,具有自我贯通的道德情感和行为,具有自我恒定的道德目标和信仰。同时,道德同一性的形成过程反映了人的一

---

① Hart. Adding Identity to the Moral Domain [J]. Human Development, 2005, 48: 257—261.

种道德意识及反思的建构过程。在公共生活中,人们道德行为的产生并非都是出自深思熟虑后的刻意展现。在很多情况下,个体的道德追求已成为个体自我意识中的重要部分,而且个体的自我意识、对自我形象的反思又会反过来促进个体的道德追求。换言之,对道德加工的心理机制已上升为一种个体的自动化过程,一种道德同一性的传递过程。

其二,人为何要有道德同一性?道德同一性的建构可以帮助协调并改善人的道德判断与道德行为之间的关系,对人能够理解道德生活具体情境,能够产生并维系道德行为具有一定价值。其实,在人的自然人性之中,既有与自我感保持一致的部分,又有不一致的部分,而这种自我不一致往往会带来强烈的消极情感。所以,在道德动机中,维持自我内部一致性具有非常重要的意义。

其三,道德同一性将人对于善的追求视作人的内驱需要。哈特认为,若没有对善良的认定这一过程,道德同一性建构也就不可能完成。换言之,道德同一性的形成必然包含对伦理价值的考虑,而且良善行为的形成往往受到个体自我形象的支配,而不是简单地表现为服从于道德标准。那么公共德性,作为一种反映人之公共善和公共关怀心理需要和社会需要的优良品质,也可以从道德同一性中获取其所需的德性力量和理论支撑。

其四,道德同一性理论基建于道德的人际关系说。道德人际关系说主张人的道德意识并不是自然生成的,其道德选择也不是与生俱来的,人的道德认知和行为来源于其在与他人的关系中对自身的认识。哈特指出,道德同一性乃个体与社会互动之产物,反映的是个体对社会规范主动选择与加工的建构过程。在另一位学者尤尼斯(Youniss)所做的模拟实验中也可以得出,道德的起源与人际关系有着密切联系。社会环境就是个人道德的发端处,而社会互动则影响着个体道德意识的形成与变化。[1] 个体道德意识的形成离不开与他人的社会交流,并从构成自我的社会环境中获取道德内涵。

---

[1] Yates, Youniss. A Developmental Perspective on Common Service in Adolescence [J]. Social Development, 1996,5(1): 85—111.

最后,在本质上,道德同一性乃为一种对道德的自我认同与自我超越。尤尼斯在对"二战"期间营救犹太人的非犹太籍行为进行研究时发现,在提及为何愿冒生命危险救犹太人时,这些人的回答并没有体现出高深的道德推理及对神圣道德标杆的渴求,相反其言谈却实实在在地表现出朴实的却极高的道德同一性。如"我这样做是为了自己,因为那个自己就是我想成为的自己"等。因此,个体通过自身的道德行为以表现其所意识到的道德自我,从而使外在的自我和内在的自我能够趋向相同、达成一致,这使得个体能够维持一定水平的自我同一感,维持着稳定的、持久的道德行为。

第三章　公共德性的培育思考：怎样增加助人行为？

如果说公共德性的"思想史"告诉我们，对公共德性的理解需要贯通古今、融合中西，汲取、省思不同的理论与观点，那么对公共德性的培育思考，就是从实践层面来探讨如何增加人们的助人行为。

随着我国市场经济体制的确立与发展，个体的自由自主性获得了极大的解放。但是，在公共领域中的个体行为，并没有呈现外展的态势，反而呈现内卷之趋势。社会公德淡漠、公共德性不甚昌明，一些官员假公济私、部分民众自私自利，于公共事务冷漠旁观，人类出现了"类本质异化"的倾向，这可以看作讨论公共德性的实然向度。

公共德性的实践，正如任何一项社会行动，通常是由各种因素所决定的。与在心理学中关注儿童亲社会行为"发展"的焦点不同，对于成年人而言，我们主要关注的是影响人们亲社会行为的当下情境要素，关注的是如何增加人们的公共德性实践，关注的是如何增加更多的乐于合作、充满爱心的行为。也就是说，本章关注的重点不是像研究儿童亲社会行为那样，着重于探究其发生的源头，以及这些行为是如何被强化的；而是重点关注影响成年人公共德性的社会条件、生活环境、教育情境、媒介要素等社会境况，重点关注社会是不是打开了这种通道，社会是不是有这样的治理安排和政策扶植。

当然，对于公共德性培育的思考，并不是从如何操作的技术层面来进行分析的，而是探究其背后所蕴含的培育理念是什么的问题，以及这种培育何以可能的问题。

第一节 公共德性培育何以可能：
社会条件和制度安排

一、制度前提：现代民族国家的建构

一般而言，制度缺失与道德缺失是相生相随的。尤其在当代中国，公共德性的培育更有其特殊语境与言说对象。

（一）对民族认同和国家认同的传统之惑

近百年来，中国在公共德性探索中遭遇的一个重要难题，就是国家认同的问题。我们有"家"之观念，却没有"国"之观念；我们有"天下"之观念，却没有"民族"之观念。就像梁漱溟所言，在中国人的传统观念中，极度缺少"国家"观念，却总爱说"天下"，可见其缺少国际对抗性，完全不像国家。[①]

其实，在中国的"天下"观念之中，"中国"指的乃是"王朝"，这是一个文化的概念，而非民族国家或政治共同体之类的概念。它原是基于文化的统一随之产生政治的统一的，所以就那么地认为"天下兼国家"了。[②]

因此，形成统一的、融合的现代民族国家认同，是公共德性培育的前提条件与重要内容，也是中国国家富强、民族振兴及人民幸福的本质追求。

（二）现代民族国家之诠释

吉登斯（Giddens）曾指出，民族国家是存在于由他民族国家所组成的联

---

① 梁漱溟. 中国文化要义[M]. 上海：学林出版社，1987：165.
② 梁漱溟. 中国文化要义[M]. 上海：学林出版社，1987：308.

合体中的,表现为一系列统治的制度模式,并对已经划定边界或国界的领土实施行政垄断,其统治是靠法律和对内外暴力工具的直接支配而得以维护的。①

现代民族国家一般包括三方面因素:一是确定的领土;二是确定的人口;三是政府务必在领土范围内对其民众行使有效的权力,也就是主权。而在传统中国,这些因素是不确定的。因为首先领土可以无限扩张;其次人口可以随疆域的扩张而变化;最后主权观念是不值一提的,那是因为"普天之下,莫非王土",既然天下都是"我朝"的,岂能让他国他人轻言权利呢?

(三) 现代民族国家与传统国家之差别

现代民族国家是相对朝代国家而言的。其实,在中国政治观念中是缺乏现代民族国家的观念的。

传统国家为朝代国家,它的合法性就在于神意。其君主并非是以民族代表的身份进行统治的,而是以神的名义来进行统治的。而现代民族国家的合法性就在于民意。国家以民族利益代表之身份进行统治。

可见,民族国家是随着现代化进程而产生的,是由现代社会催生并赖以存在的政治实体,因此建立现代民族国家是现代社会的任务之一。

(四) 现代民族国家建构之精神动因:民族认同——公共德性的一种表征

民族认同,作为公共德性的一种表征,作为形成现代政治公共性之主要方式,是达成现代民族国家建构的重要精神动因。

但是,或许会有这样的疑问,为何民族国家建构之精神动因是民族认同呢?而不是阶级认同、政党认同、宗教认同,或者其他某种认同呢?换言之,现代国家为何一定要建立在民族认同的基础之上呢?而不是建立在阶级认

---

① [英]吉登斯. 民族-国家与暴力[M]. 胡宗泽,赵力涛译. 北京:生活·读书·新知三联书店,1998:147.

同、政党认同、宗教认同等其他认同符号之上呢？

这是一个比较复杂且较难回答的问题。柏林（Berlin）对此也深感疑惑，他质问：为何没有出现任何一个有着重大影响力的思想家，能够预见"民族主义"的任何发展？虽然他们可能对社会的其他方面有着非常敏锐的观察力，却对"民族主义"的产生与影响茫然无知。为此，他发出了这样的感叹：没有一个人表达过，哪怕是曾经暗示过，"民族主义将把控我们二十世纪的后三分之一"。事实上，"民族主义"的影响力确实达到了这么高的程度：任何社会革命或社会运动，如果不与"民族主义"联盟，就几乎不可能获得成功，或者至少要做到不直接与它对抗，否则也几乎不可能获得成功。[1]

若把这个问题放到公共性的理论架构中来理解，或许会变得清晰一些。首先，公共性的性质与形态的转型，标志着传统社会走向现代社会之转型。也就是说，公共性是任何一个现代社会都需要具备且需要努力实现的价值，而现代社会生活秩序的实现，其本身就是公共性的体现。但是，由于受到历史局限性的影响，以及人的意识觉悟的不同程度的作用，公共性在不同历史阶段中的实现水平是不一样的。真正的公共性的开显，是随着现代社会的展开而逐渐被澄明与达致的，这是近现代以来的事情。

其次，从传统社会走向现代社会的转型过程中，关键为能否确立一个重要的公共的认同符号。此认同符号要既能够关照到某种传统的延续性，又能够体现出某种现代的导向性。

最后，民族认同与现代社会之间存在良性共生的互动关系。虽然从历史来看，民族并非人们唯一可以认同的对象，自远古以来，人们曾经运用相同的逻辑和语言来使得每个人都能够认同自己所归属的文化、阶级、等级、政党、教会等，但是，唯有民族认同与现代社会形成了良性共生的互动关系。这表现在：一方面，民族认同能使传统认同符号中的德性要素、文化形态与情感元素得以延续，因为它承袭了传统认同符号之中的某些风俗习惯、价值

---

[1] ［英］柏林.民族主义：出人意料的力量[A]. 徐迅.民族主义（修订版）[M]. 北京：中国社会科学出版社，2005：3.

理念与伦理观念等。可以说,人所有的文化生活,都是于特定的川流不息的传统之中形成了这种认同的。民族认同几乎成了人类的一种自然需求。好比赫尔德(Herder)所言的乡愁。在他看来,乡愁是一种最高贵的痛苦感。[①]而民族认同,就是到了某个地方,就能够有一种回到家的感觉,会觉得自己是与自己的同类在一起。另一方面,民族认同又可以包容新时期的某些价值呼求与伦理需要,而发展成为现代社会的主要建构力量。

(五) 民族认同与现代国家建构之互动

在中国近现代社会中,发生着剧烈的经济、政治变革,使得传统认同符号已被解构或遗弃。由此,新的自我认同对象应运而生,它们可能是社会阶级、政党、宗教等,而最常见的则是权力与权威,即国家本身,也就是意味着认同于国家。

而此时,民族认同也在积极寻求新的合法性及新的认同领域。在这种情况下,现代国家的建构和民族认同得以合流,并发展成为现代社会之强大推动力量。正如徐迅所言,现代国家是建立于"民族"基础之上的。[②]

(六) 如何从公共德性表征形式之民族认同来推动现代民族国家建构?

民族认同作为公共德性的表现形式,对于现代民族国家的建构是极其重要的。民族认同、民族身份赋予了现代民族国家建构的必要条件,从民族认同的角度来推动现代民族国家建构,主要包括四个方面:

首先,民族国家的起源要具有文化的正当性。而民族认同就是这种正当性的文化来源。这里的文化正当性,意指一个国家建立或存在的历史文化根据,它是由相对固定的群体以其独特的伦理、信仰、法律、文化等,在与其他群体相区别之历史比较中所沉淀而成的。就像赫尔德所言,每个群体都有自己的文化信念、民族精神,也就是一种看事和行为的态度,一套习俗

[①] [德]赫尔德.关于人类历史的哲学思想[A].何兆武,柳卸林.中国印象——世界名人论中国文化(上册)[M].桂林:广西师范大学出版社,2001:165—172.
[②] 徐迅.民族主义(修订版)[M].北京:中国社会科学出版社,2005:15.

和生活方式。这些之所以具有价值,纯粹只是因为它是属于这个群体的。①一个国家的建立不能只依靠暴力与行政权力,更需要有道德、伦理、法律等所构成的文化结构的支撑力量。正是从这个意义上来说,民族认同意味着国家认同,民族认同就是民族国家合法性之文化来源。

其次,民族国家的建构需要社会成员提供其忠诚。在这里,对国家的忠诚,即共同体成员对于"国家"符号的认同,及在认同基础之上的支持。忠诚是源自共同体成员对于其共同利益、共同经历、共同文化的体认与维护,是人的一种归属感的表现。而民族这个"想象的共同体",确实能够满足人们这种自然心理的需求。通过民族认同,人能够找出并明确自身在这个世界中的确定位置与行为意义。

再次,一个民族国家需要以统一的民族身份来独立面对其他的民族国家。对于一个民族之心理状态而言,民族身份是不可或缺的。如果一个民族对"我是谁"都不清楚的话,那就意味着它自身还缺乏一致的民族认同与完整身份。一个国家在与他国的关系中,若其自身缺乏民族认同,那就无法以平等的身份地位来根据现代国际的通行规则,与他国发生交往。以清王朝末年为例,出现过太平天国独尊天帝,以及儒家士大夫叛道离经,还有义和团扶清灭洋,直至辛亥革命驱逐鞑虏,那个时候的民族认同出现了严重的危机,因此在国际交往中,始终无法以独立的民族国家身份来面对,因而始终处于不利地位。所以说,唯有通过民族认同、民族自我确认,国家才能被赋予独立的主权与动员的力量。

最后,现代民主政治需要谋求同源性与平等性。而民族的同构性便为此提供了资源。虽然不能认定现代民主政治所需之平等性,都是来自民族之同源性,但是,在现代民族国家中,民主所需要的理性沟通、平等参与和共同分享等,其背后起主要支撑作用的是共同的民族根源和共同的族群生活情感。民主理念在人们共同的历史经验与共享的文化价值中得到强化。

公共德性催生了现代民族国家之建构,成为现代民族国家建构的德性

---

① 徐迅. 民族主义(修订版)[M]. 北京:中国社会科学出版社,2005:51.

动力、精神动力。同时,现代民族国家也成为实现公共性之必要条件、必要载体,成为公共德性培育的政策前提和制度基础。

二、政策扶植:权力的"公共性"

公共德性的培育,除了要调适个人与社会、个人与集体的关系外,民权与国权也是需要平衡的一个重要维度。离开了政策导引和技术支撑,公共德性是很难建构的。而好政策是能够涵养品格的,而不是对冲品格。

(一) 公共权力的历史视角

对于中国,这个曾经具有漫长封建建制,又遭受过外界强力入侵的国家而言,"民权与国权"这对矛盾显得格外地、更加地复杂与尖锐。一方面,它面对的是封建的沉淀,所以反封建,就需要强调个体自由,需要伸张民权;另一方面,它面对的是列强的侵略,所以反列强,需要的是国家的力量、民族的力量,需要的是壮大国权。正如张君劢所言,自"心能之发展"言之,应该让个人居第一位;自"民族之发展"言之,应该让国家居第一位。这便陷入了一种两难的选择境地。伴随着时局的发展,以及民族危机的日益剧烈,这个两难问题最终还是以"救亡压倒启蒙"得到解决。

必须要承认,民族国家的建立是现代社会发展的前提和基础。在当时这种情况下,民族公共权力、国家公共权力确实发挥着巨大的权威作用。然而,革命时期和建设时期所分别依赖的公共权力,其在性质上是不同的。随着时代的发展,若公共权力没有作出必要的调适和正确的定位,会导致某种程度上的危机。

松本三之介曾在剖析日本明治精神结构的时候指出,作为后发现代化国家,通常需要以国家主义为精神动力方可实现后起直追。明治时期最主要的精神特征就是国家主义取向,主要包括两类:其一是以政府为主导,意在强化以经济、法律、军事职能为核心的国家;其二是以国民为中心,志在形成以国民自发的国家意识为基石的国民国家。前者突出个人对国家的依附性,把个人放在一种软弱无力的位置上;后者凸显个人的能动性,及其与国家的合体性,实现"以天下为己任"。就这样,民权与国权在这个特殊的历史背景下,实现了统一。不过,这两种不同的精神样态,在日本后来的政局中,因为无法互相牵制而最终导致了国权膨胀,出现了军国主义的结局。[①]

同样,在一些已经取得一定成功的后发国家,如韩国、新加坡,在其发展过程中也曾经历过由于民权与国权的紧张所导致的危机。

由此可见,在现代社会发展中,适当地调适与运用国家公共权力,是现代民族国家,尤其是后发外源型现代化国家所必须要面临的问题。

(二) 权力的本质:为了弥补人类存在的不完满性而创设出来的强制力量

一方面,什么是权力?

通常认为,权力就是地位、身份的象征,是用以管理人的。其实,这只是对权力的片面化理解,只是权力的物质化外在表象而已。

"权"最初的含义乃测定物体重量的器具。直至春秋战国,"权"有了揣度、衡量的意思,便也开始与政治关联起来。在《辞海》中,对权力的解释包含两层意思,一是职责范围内的支配力量,二是政治上的强制力量。布劳(Blau)认为,权力就是个人或者群体将其意志强加于他人的能力。虽然存有反抗,但是这些个人或者群体可以通过威慑的形式,如撤销一些有规律地提供的报酬或者惩罚,来保持权力。尽管这样确实在事实上造成了一种消极的制裁。[②]

另一方面,在本质上,权力是一种强制力量,是一种为了弥补人类存在的不完满性而创设出来的强制力量。

对于权力的多种理解,无论其在表现形式上如何,在本质上它还是一种强制力量。当一个人对另一个人行使任意一种强制力量的时候,表明了前者对后者具有某种权力。因此,权力存在于人与人的关系之间。在布劳看

[①] [日]松本三之介.国权与民权的变奏——日本明治精神结构[M].李冬君译.北京:东方出版社,2005:5.
[②] [美]布劳.社会生活中的交换与权力[M].孙非,张黎勤译.北京:华夏出版社,1988:137.

来,之所以存在这些强制关系,是因为一些人没有充分的资源,或者没有令人满意的代替办法,或者本身不能使用强制力量,或者有某种迫切的需要,那么能够提供这些利益和需要的个人或者群体便获得了他们所能够支配的权力。①

由此可见,权力的原初产生是因为人类存在的某种不完整性、不完满性,权力正是为了弥补这种不完整性和不完满性而创设出来的强制力量。

(三) 为什么权力应是"公共的"

从理想态来看,在本性上,权力是公共的。这也是一种应然层面的考虑。主要基于四点原因：

第一,权力产生的前提是一种人与人之间的相互关系。若没有人与人之间的相互交往,没有在其交往中所凸显出来的实践需要,没有其生命共时性的客观状况,那么权力是不可能产生与维持的。换言之,当世界上只有一个人,或者人与人之间根本不需要发生任何联系、不需要任何交往的时候,公共权力就是多余的。

第二,公共权力存在的价值就是为了实现人类的公共善。因为作为一种权力,公共权力的原初产生,正是为了满足人类的不完满性。无论是霍布斯(Hobbes),还是洛克(Locke),也无论他们所预设的起初状态是"羊与羊间的共存"还是"狼与狼间的战争",都无从否认人性中的不完满性,并且都据此将实现人之自由与幸福作为公共权力存在的目的和必要性依据。

第三,公共权力适用的对象定位于公共事务。公共权力指向于私人利益或者被运用于私人事务的时候,那就必然存在着公共权力的越界与异化。

第四,公共权力的运用必须要公开、透明。作为一种强制力量,一种"不得已的恶",公共权力必须要通过人与人之间的理性商讨和利益博弈来合法、合规地行使,通过公开、透明的方式,来保证这种"恶"的最小范围和最低限度。

---

① [美]布劳.社会生活中的交换与权力[M].孙非,张黎勤译.北京：华夏出版社,1988：164.

(四) 为什么权力实为"公共的"

从历史的脉络来看，也就是从实然层面来看，权力的公共性逻辑是从公共权力的原初起源到发展趋向的演绎过程。

一方面，关于公共权力的起源。这个问题涉及人类的原初状态到底呈现为何种模样的话题。人类学家摩尔根（Morgan）根据对易洛魁民族的调查研究[①]，发现人类的起初状态在一定意义上确实就像霍布斯和洛克所想象、虚构的那样，是一个无强制的、无阶级的、人人生而平等的自然状态。但并非存在如霍布斯所形容的"人对人的战争"，也并非存在如洛克所描述的"人与人之间彼此独立"的这种极端情形。人类一开始就是以一种社会动物的形态存在的。也就是说，自从人以一种"类"状态诞生起，公共权力就存在了。

固然，这种公共权力并非如同我们今天所理解的那样，具有稳定的、明确的某个中心，却是显示为个人因为自身的局限性而在与其他人交往的过程中，所客观形成的强制性结果。但是这种公共权力，却是一种真正的社会的公共权力，是直接用来为社会服务的。恩格斯曾如此感叹这种原初的公共权力，"单纯质朴"的氏族制度是多么美妙啊。在这里，没有宪兵、警察，没有国王、贵族、地方官、法官，没有监狱，但这一切却都是有条有理的。所有人都是平等的，包括妇女在内。[②] 酋长的权力，如同父亲般，是纯粹道义性质的。[③]

确切地说，最初的公共权力是一种无阶级性的、低级的、原始的相互牵制作用，更多地表现为一种公共职责的掌司力量，并受到氏族全体成员这种权力主体的严格管理与制约。原初的公共权力是真正的社会性公共权力，

[①] 汪宁生.易洛魁人的今昔——兼谈母系社会的若干问题[J].社会科学战线，1994，(1)：262—271.
[②] 马克思恩格斯选集(第4卷)[M].中共中央马克思恩格斯列宁斯大林著作编译局编译.北京：人民出版社，1995：95.
[③] 马克思恩格斯选集(第4卷)[M].中共中央马克思恩格斯列宁斯大林著作编译局编译.北京：人民出版社，1995：84.

是不能违背公众意志的。

另一方面,关于公共权力的发展趋向。随着社会的向前发展,公共权力也由无阶级性的、原始的阶段,走向文明的、具有阶级性的、高级的阶段,直至再次回归高级的无阶级性阶段。

马克思从历史唯物主义出发,指出原始社会的公共权力是一种"社会性权力";而到了阶级社会,公共权力则体现为一种"超社会性权力",是一种存于"社会之上"的公共权力。基于人类文明的发展史来看,权力显示为从原始的社会性权力走向超社会性权力,直到再次回归至更为高级的社会性权力形态的规律。这是一个自然的符合社会发展规律的历史过程,而推动这一过程展开的基本力量就是社会生产力。

这是因为,随着社会生产力的发展,出现了产业分工,推动着社会财富的增加。于是,逐步出现了私有财产,以及以交换为目的的商品生产。这种商品交换的范围从部落内到部落间,再到海外。商品交换极大地刺激了占有财产的人性贪欲,也加快了财富的相对集中。所以在出现富人与穷人的差别后,同一氏族的成员便不再平等了。在出现奴隶主与奴隶、贵族与平民之间的日益尖锐的矛盾后,从前的社会性公共权力已没有办法对社会全局进行有效调控了。这个时候,超社会性权力就产生了,它已不再是全社会公众的公共权力了,而变成了少数人对于多数人的特权。就像恩格斯所说的,奴隶制国家就是奴隶主用以镇压奴隶的权力,而封建国家就是地主贵族用以镇压农奴的权力,代议制国家就是资本用以剥削雇佣劳动的权力。[①] 尤其是在资本主义社会中,资产阶级反对地主阶级时打出的"还权力以公共性"的旗帜,主张的"分权、平等"的权力理想,在他们一旦取得了政治权力后,也还是逃不出统治阶级压迫被统治阶级的权力事实,反而体现出其公共权力欺骗性与虚伪性的真正面目。

无论是在奴隶社会,还是封建社会,抑或是资本主义社会,超社会性权

---

① 马克思恩格斯全集(第21卷)[M].中共中央马克思恩格斯列宁斯大林著作编译局编译.北京:人民出版社,1965:196.

力在名义上是为了调和阶级矛盾的中间力量,但实质上只是为了维护阶级统治罢了。这时,超社会性权力实为一种依照统治阶级意志来管理社会的工具,目的还是维系统治阶级的根本利益,而非维系整个社会的共同利益。这种超社会性权力最终还是要回归至更为高级的社会性权力形态,逐步走向一个无阶级、无剥削、人人平等的社会性权力,公共权力为全社会所共有,这是公共权力的发展归宿。此时,人人既分享公共权力,人人又服从公共权力,因为它是全体人民用以管理自己公共事务的力量与手段。这也是马克思为我们所揭示的人类社会历史发展的宏伟图景。

(五) 抉择:还权力以"公共性"

在古代中国,通过给予道德等差以道德合法性,来教化民众在等级制度中接受自身道德是否崇高的考验。那时,哪怕是儒家的"不患寡,而患不均",也只是在同一等级上的相对"公正"罢了。也就是说,在等级制度下,根本不可能存在真正的公正、公平、公共性。所以,在这种道德理想作为社会理想的全部的情况下,"各按其位"的前提便成就了"各享其权"。这便为皇权这种权力谋得了道德合法性与政治合法性。

在现代社会,对于公共德性培育的政策环境而言,就是要保障公共权力的"公共"性质,尽力维持、守护整个社会的公共利益,使公共权力在尽可能大的程度上体现"公共"的本质。简言之,即还权力以"公共性"。

正如王乐夫所言,这种"公共性"有五个方面的内涵[1]:其一,在公共权力伦理价值层面,"公共性"体现的就是公共部门活动行为的正义与公正。其二,在公共权力运用表达层面,"公共性"展现的就是人民主权与政府行为的合法性。其三,在公共部门的运作过程层面,"公共性"呈现的就是公开与参与。其四,在公共权力利益取向层面,"公共性"显示了公共利益是公共部门活动的最终目的,因此必须克服私人利益或部门利益的缺陷。其五,在公共权力监督理念层面,"公共性"表明了一种理性和道德,它支持公共舆论的监督作用。

---

[1] 王乐夫,陈干全.公共性:公共管理研究的基础与核心[J].社会科学,2003,(4):71—72.

因此，权力的合法性问题，主要表现在人民拥护不拥护、人民支持不支持上。这需要通过政府权力的公共性，来获得合法性资源；需要通过政府公职人员良好的道德形象，来塑造公权。这是因为，政府的公信力来源于权力的公共性。换言之，民众的信任，就是权力公共性的资格所在，是权力公共性的条件所在。所以，若权力的公共性无法得到保证，一旦政府陷入"塔西佗陷阱"，一旦社会陷入彼此的不信任状态，其结果就会要么导致民众的激进，要么导致公众的冷漠，也即致使社会陷入纷争与倒退。换言之，还权力以"公共性"是对权力进行明晰化与规范化的理念与选择，是使公共利益最大化的过程与表征。

（六）保障：法治理念下的公共德性

公共德性不仅是一种个体的道德内化，还表现为个体的一种公共交互共感。个体在寻求自身公共德性实现的过程中，必定是要借助于必要的载体的，这种载体有可能是一种信仰，也有可能是一种道德或文化等。在当代中国，更重要的表现为借助于法治来实现。法治，作为一种治国方略、一种政治理念，其实质就是要保障人的权利、体现对人的自由的守护，因此法治与公共德性具有同契互促的关系。从某种意义上来说，若将公共德性理解为个人品质方面的自律维度，那么法治就属于社会制度方面的他律维度。

一方面，法治源自公共德性的抉择。这主要体现在三个方面。其一，法治的依据就是来源于道德和公共德性的。其实，公共德性与法治本没有明确的界限，就如同道德与法律原本并没有明确的界限那样，只是在有人不愿意遵守的时候，才提出了界限。例如，自然法阐述的其实就是道德层面的质料。因此，无论是社会契约，还是自然法等，它们其实并不是历史征象，而是一种理论假设，目的就是阐明人类社会本来的性质。

其二，公共性与公共德性构成了法治的理念性前提。无论是从历史经验来看，还是从思想分析来看，选择法治的治国方略，都是源于人类对达致公共性的企盼以及对公共德性的运用。同时，法治作为一种政治理想，最早是由亚里士多德提出的，他指出了法治的双重含义，即已成立的法律需要获得普遍的服从,以及大家所服从的法律应该本身制定得是良好的。① 这代表了法治的两个基本属性,即法律的权威性,以及法律本身的优良品性。那么,对于如何实践这两个属性的问题,其关键就在于人们对法律的认同,以及对法律的运用。人们只有设定了公共性的存在,以及在公共德性的运用下,法治才能成为可能。若没有对公共性的认同及德性的公共运用,法律就不可能产生,法治也就难以维持了。由此看来,尽管法治理念很早就被提出来了,但真正的法治政体却在近代才被建立起来,究其根本原因,乃在于古代先民之思想尚未接受启蒙,主体意识尚未启发与解放。而在现代,虽然一些国家确立了相对完备的法律体系,但是仍然没有达到法治的理想效果,究其根本原因,乃在于缺乏对法律的认同,缺乏对公共性与公共德性的运用。

其三,公共性与公共德性构成了法治的价值与归宿。柏拉图在《理想国》中殚思极虑地构想着如何达致城邦的"公共性"、如何实现城邦的"公正"。起初他还曾设想通过"哲学王"之权威与智慧来实施人治,带领和指导人们求真、向善、审美,从而建立一个由统治者和辅助者、生产者各司其职、分工互助、各尽其责的"公正"秩序。但是,最终他还是看到了权力和智慧结合的罕见性,看到了人性的自私面,加之坎坷的政治遭遇,使得他晚年的政治理想趋向于现实,即自"哲学王"的人治走向了"法律之仆人"的法治。就像他在《政治家》中所指出的那样,唯有神才具备应付千变万化政局的知识,而人只能按照法律来治国,因为人类不可能具备这种神性的知识。② 由此看来,法治的模式比人治的模式,能够更有效地实现人类的公平、自由、正义,而这就是人类的最高的公共性。作为一种政治机制的法治,是人类公共性思想和公共德性价值准则的外化形式。换言之,法治来自人类对其自身存在、命运及价值的思考与把握,反映了人类对其自身公共性的追求与安排。

另一方面,法治体现并保障人类公共德性的实现。这主要体现在三个方面。其一,制定法律的动机必须体现正义、良善、自由。洛克指出,法律就

---

① [古希腊]亚里士多德.政治学[M].吴寿彭译.北京:商务印书馆,1965:167.
② [古希腊]柏拉图.政治家[M].原江译.昆明:云南人民出版社,2004:101—105.

其真正含义而言,与其说是"约束"人们,还不如说是"指导"人们"自由"而有"智慧"地去追求他们的"正当利益"。若没有法律,人们会生活得更快乐的话,那么法律便会作为一件无用物而自然消失。法律的目的不是"限制""废除"自由,相反它是为了"保护""扩大"自由。在他看来,在一切可以接受法律支配的人类状态中,"没有法律就没有自由"。因为自由标志着不受他人的束缚与强暴,所以说哪里没有法律,哪里就没有这种自由。①

其二,法律的内容必须体现公平和公共善。尽管法律具有符号化的表现特征,但是其背后蕴含着的是人类对政治理念、基本道德价值的确认,涵摄着的是人类对公平、公共善的体认。这些理念和内容必须经过最广泛的、最深入的各方利益的商酌与博弈而逐渐形成,并代表着特定社会与国家对公共性的认同与践行。在现代社会,这些特定理念包括自由、平等、公正、契约、秩序与效益等的完美结合。

其三,执行法律的程序必须体现公正、平等与人道。富勒(Fuller)指出,法治的实质必须为:在对公民发生作用时,政府应该忠诚地运用事先颁布的、由公民遵守且决定其权利与义务的规则,若法治不是这个意思的话,它就毫无意义了。② 因此,无论作为一种理论,还是一种实体,法治所遵循的法律的道德性、善的目的、正义的原则,都体现并保障着人类公共德性的实现。

总的来说,一个道德失范的社会,不可能是法治社会;同样,一个法治思维缺失的社会,不可能是道德文明社会。以治理的系统性视角来看待法治理念下的公共德性,其中法治是政治理念和治国方略,但是单纯的法治是无法满足精神上、文化上的期望的,因此需要在法治理念下来理解公共德性,要在依法治国方略下来讨论人的公共德性的培育。

三、社会条件:公共实践

一个对全体人民的美好生活具有建设性影响的社会,一个稳定和发展

---

① [英]洛克.政府论(下篇)——论政府的真正起源、范围和目的[M].叶启芳,翟菊农译.北京:商务印书馆,1996:36.
② [英]富勒.法律的道德性[M].郑戈译.北京:商务印书馆,2005:40.

的社会,是公共德性培育所需要的社会。若没有稳定,所有发展计划与活动都将无法顺利实施;若没有发展,保持原状的静态稳定必将是不进则退,直至徘徊于无路可走的境地。而作为为公共德性的培育而服务的社会,必须要在稳定和发展的环境下,为公共实践创造尽可能健全的、完善的社会条件。

从某种意义上而言,社会的道德愿景体现为"民不教,政府之过"。就像罗素(Russell)所认为的,好政府,就是一个能够使国民更富有智慧和道德的政府。[①] 权力机关有没有创造这种社会条件,是公共德性培育的现实关键。

(一) 公共实践的社会基础:契约规则和自愿自治

与人类任何的实践活动一样,公共德性的培育也是具体的,是受到其所处的社会条件的规定和限制的。这里的社会,主要是指以市场经济为基础,以人之契约与秩序关系为中轴,以尊重与保护社会成员基本权利为前提的文明化的社会形态。这是主体合目的性的选择结果,也是中国社会合规律性的演进结果。这种社会是公共德性培育的现实母体,它催生并推动着公共德性的发展。

一方面,马克思在《共产党宣言》中指出,一百多年的工业革命所创造出来的财富,比之前人类社会全部文明所创造财富的总和还要多得多。事实上,他在这里就是肯定了市场经济,这种当时崭新的经济模式在创造效率上的巨大优越性。市场经济以其相对高效率的物质生产能力,不断增进着人民的幸福;同时,还以其特有的扩张机制,促进着人类社会的相互交往,促进着这种交往沟通方式的广度与深度。

另一方面,不管是梅因(Maine)对"身份社会"和"契约社会"的区分,还是斯宾塞(Spencer)对"尚武社会"和"工业社会"的区分,也无论是滕尼斯(Tonnies)对"共同体"和"利益社会"的区分,还是韦伯对"价值合理"和"目标合理"之社会行动类型的区分,都是基于不同角度的关于传统社会和现代

---

① [英]罗素.自由之路[M].何新译.北京:商务印书馆,1959:81.

社会,或者是关于非市场经济社会和市场经济社会的基本特征的描绘。对此,马克思也有精辟独到的分析,即其市民社会理论。

事实上,"市民社会"并非马克思首创,早在亚里士多德的文本中,它已被用以形容古希腊城邦政治的社会环境。① 马克思在《资本论》中指出,亚里士多德所认为的"人是政治动物",或者更广泛意义上的"社会动物",其实意指的就是"人天生是城市的市民"。② 因此说,在那时,市民社会是与文明社会所等同的。这个词所包含的政治理想,在以后的漫长的中世纪中却被冷落与抛弃,直至文艺复兴时期才被重新启用。洛克、卢梭、孟德斯鸠等启蒙运动思想家根据当时对人的解放的时代吁求,在理论上采用"市民社会"一词来解释当时的社会结构状况,即著名的社会契约论。

到了马克思那里,"市民社会"不仅被视为一个分析性范畴,意即生产关系,还被视为一个历史性范畴,即"资产阶级社会"。根据马克思关于人的发展"三阶段理论",实际上市民社会形态正是物的依赖关系阶段。市民社会的原则就是实际需要、利己主义。③ 马克思指出,旧唯物主义是立足于市民社会的,而新唯物主义是立足于社会化的人类或人类社会的。正如马克思所言,每个人追求自身的私人利益,仅仅是自身的私人利益;但是,却也不知不觉地为一切人之私人利益服务了。④ 市民社会成了一种在各个成员的互相需要而联接起来的物质交往关系之上的体系。此时,人的交往关系带有了一种客观性与异己性。

王南湜认为,市民社会是与市场经济的发展相伴而生的历史形态,是市场经济所造成的一种领域分离的社会结构现象。它标志着在现代社会中,国家必须要经历一个从国家与社会"领域合一"至"领域分离"的过程,即在

---

① [古希腊]亚里士多德. 政治学[M]. 吴寿彭译. 北京:商务印书馆,1981:113.
② 马克思恩格斯全集(第44卷)[M]. 中共中央马克思恩格斯列宁斯大林著作编译局编译. 北京:人民出版社,2001:379.
③ 马克思恩格斯全集(第1卷)[M]. 中共中央马克思恩格斯列宁斯大林著作编译局编译. 北京:人民出版社,1956:448.
④ 马克思恩格斯全集(第46卷上)[M]. 中共中央马克思恩格斯列宁斯大林著作编译局编译. 北京:人民出版社,1979:102.

市场经济的推动下发展出一个相对独立的"市民社会领域",以及在此过程中所产生出来的新的交往方式。①

当然,在当代中国,作为为公共实践创造可能性的社会,绝不简单地等同于市民社会,也绝不意味着中国正在出现一个市民社会,绝不标志着我们正在走资本主义的老路。这是因为,若将马克思的那个论断作为公式,来判断我国的社会主义市场经济目前处于什么历史阶段的话,则根本无法在时代涵义上给予明确的判别。马克思所说的三阶段或三种社会形态,实质上只是他对于社会发展的一般规律的一种设想,它涉及整个人类发展的漫长历史。马克思将"资产阶级社会"与"市民社会"等同起来,带有那个时代的鲜明特征与历史痕迹,是在一般表征意义上的等同。而目前我国的社会主义市场经济的时代意涵已发生了根本性变化,时代背景根本无法与当时的市民社会背景所等同起来,最显著的区别体现在人们的生产方式与交往方式已发生了彻底的改变。不同的生产方式与交往方式决定了社会内涵与样态的不同。

因此,公共实践的社会环境或社会基础,是以市场经济为基础,以契约性规则为中轴,以社会成员的自愿为前提,包含自治组织等的公域环境。其建构的关键并不在于是否要对目前社会主义市场经济处于马克思所说的第几阶段来探个究竟,而在于它在多大程度上达致了市场经济的本质,在多大程度上为人的自由发展创造了必要的条件等。

(二) 公共实践的社会特征: 政府主导和后发外源

政府主导型和后发外源型是当代中国社会发展的一个基本的事实判断,也是公共实践得以展开和繁盛的社会特征依据。

首先,政府主导型社会具有鲜明的人为性与官方性。社会发展的两大传统主要是指洛克倡始的"社会外在于国家"和黑格尔论述的"国家高于社

---

① 王南湜,王新生.从理想性到现实性——当代中国马克思主义政治哲学建构之路[J].中国社会科学,2007,(1):43—54.

会"。这表明着社会发展的两大类型,主要代表了社会自生型和政府主导型。中国公共实践的社会特征是具有政府主导性,其产生与发展主要依靠政府方面的自上而下的推动。但是,政府主导型社会并不否认社会要顺应市场经济发展的需要,并不否认市场经济社会的客观性与自发性。虽然改革的发生与发展有其客观依据与规律,但是决定是否进行改革,以及能否确定指导改革的正确路线与政策,能否确保改革的深入推进与执行,则取决于政府,尤其是国家高层的决策。在这种情况下,社会资源与空间的每一次拓展,几乎都是依靠政府的有意识的、有目的的、有针对性的行为,这是一种相对于完全依赖市场自由行为的高效行为。

其次,作为中国公共实践的社会,具有后发外源性特征。相较于西方社会的产生与发展,中国现代社会具有明显的外源性,这与外来力量的冲击与影响有关。同时,又具有显著的后发特征。这种后发特征不仅表现在产生时间上的滞后性,更表现在时间上的相对滞后带来的扩展方式上的渐进性和对自身发展的反思性等方面。这种后发外源的优势与劣势并存,分离性与合作性同在,经验性与创新性并进。

(三) 在公共实践中实现国家与社会的良性互动关系

虽然作为公共实践的社会具有政府主导的特征,但是,这并不意味着国家与社会的关系应完全倾向于"国家高于社会"。一方面,在思想上或客观上,不能将国家与社会完全地割裂开来、完全地对立起来;另一方面,无论是"国家高于社会"还是"社会高于国家",都具有极致片面性。"国家高于社会"强调的是国家塑造社会的功能,而否定了社会型塑国家的作用,这种主张极易导致社会本身的自主性和应有活力的掩盖与压抑。而"社会高于国家"强调的是社会先于国家的存在性。在这种学说看来,社会是国家存在的根本和权力的基础,而国家不过体现为一种"必要的恶"罢了,所以国家的干预应越少越好。这种主张将国家和社会的关系趋向极端化、紧张化,并使社会始终处于警惕、反抗国家的状态。

因此,根据中国社会的发展历史与现状,"国家高于社会"和"社会高于国家"的主张与立场都是不可取的,社会与国家的关系应体现为一种"良性互动"之态。

首先,国家需要发挥积极主动的作用。既要将具体的经济职能体现在社会、市场、企业中,又要使国家掌握宏观经济调控的效力;既要将国家(政府)的消极应变的机构性与政策性权威结构改革为法律性权威结构,又要保持国家(政府)在法律基础之上的合法性与稳固力。

其次,国家要为社会发展创造机制性条件。支持群众自治组织与自治社会团体的建设,使其成为国家与社会以及个人之间的具有弹性的、保护性的社会"生态平衡"调节系统;支持社会的契约化过程,使得分散的个人能够进入共同的契约体系之中。

最后,社会需要增强自主性与自治性。在获得一定活动空间与相应资源的基础上,一方面,社会具有制衡国家的效力。社会在维护其独立性与自主性、力争自由、捍卫自由的时候,着力使自身免受国家的超常干预与侵犯。从这个意义而言,社会是保障自由、防止权威倒退至极权制的最后防线。另一方面,社会具有监督和规范国家权力的效力。就像托克维尔(Tocqueville)所认为的,一个独立于国家的、自我管理的社会,就是对国家权力的一种约束与监督。[①] 社会舆论的理性发展是推进社会自我管理的积极手段。所以,现代社会应积极培养其社会成员的优良品质和优良品行,培养适应现代市场经济与现代文明社会的行为主体。

(四) 公共实践的新视阈

公共德性是个人在公共生活领域所应秉承与倡扬的基本德性,也是实现现代社会良性发展的基本品质要求。人的公共德性最终需要落实到具体的公共实践中,这里的实践是人类所独有的、公共的、能够展现人的意义与永恒性的唯一方式。人们通过公共德性缔结、履行契约,维护、保持秩序,并通过公共实践获取存在意义及价值,这反映着人们对公共性的信念与践履。

---

① [法]托克维尔. 论美国的民主[M]. 董果良译. 北京:商务印书馆,1988:289.

这种公共实践在当代中国的历史境遇中表现为实现社会建设的三种新视阈：

第一，自"私人性"至"公共性"。在这里，私人性指向那些被某些个人所直接控制、占有的社会条件与资源关系及性质。公共性指向个人与他人相互交往的关系与性质，体现着人的公共要素，如公共价值、公共情感、公共意志、公共行动等；并且只有通过公共性，人之个体性才能真正得以实现。

尽管对"公共性"的澄明与守护是政府权力合法性之来源，是社会建设的目标与归宿，但是，基于人类社会发展历史来看，公共性屡屡被歪曲、异化为私人性，表现为形式上的公共性，而实质上的私人性，即实践的公共性被家族或阶级的私人或私自权力所垄断，而且这种权力通常不会受到任何的约束。于是，公共实践便转化为能够为某些个人带来私利的工具与手段。因此，公共实践"私人化"的最根本弊端，就在于社会运作过程中公共德性的衰微与缺失，以及公共资源的遮蔽与偏离。

所以，必须要使公共实践的权力回归民众，公共实践的资源皈依公共性。这就要求社会的基本制度、基本结构能够体现正义，社会的公共组织能够呈现开放与透明，社会的公共管理能够以公共德性为基本准则以及以公共幸福为价值目标，从而真正实现社会的公平、自由、正义等价值诉求。

第二，自"封闭性"至"开放性"。传统的社会建设由于缺少真实的公共性，因此所谓的"公共事务"通常带有"私密化""隐秘性"的品性。表现在：社会建设的权力运作只限于某些领域、某些获利群体；公共权力的职位是世袭的、不可撼动的；公共政务是独断的、保密的；公共舆论是有害的、非法的；公民参与是不对称的、有限的；等等。不难看出，广大民众几乎不可能参与到社会建设事务中来，唯有寄希望于高高在上的神权、君权，可见整个社会运作的过程是相对封闭的。

所以，必须要强调社会建设的开放性，充分尊重、发挥广大民众的积极性与智慧，使公共事务能够真正成为公众的事务。

第三，自"物为本"至"人为本"。这里所指的"物为本"，其关注点在于财富的积累，导致的是快速推进现代化的绝对的非均衡发展。尽管发展本身是一种以经济增速为中心的社会进步理论，是一种推动社会变革、寻求社会管理合法性的意识观念，但是，在"物为本"的指导下，"发展"被异化为受人们顶礼膜拜的神祇，被置换为"GDP的绝对增长"，而忽视了人生存的环境，忽视了"人是目的"本身。

"人为本"是对"物为本"社会建设观念的超越。因为从根源上来看，一切社会的发展和进步，都是以人为出发点的，最终也是要回归到人的。人既是历史的主体，是历史的剧作者，是社会历史的创造者，也是社会的根本，是历史的剧中人，是推动社会发展进步的决定性力量。所以，必须要通过"人为本"之公共实践，以建构一个人们之间良性互动的社会，来达致社会的动态平衡与良性发展。

（五）选择：参与基层自治组织

从组织的主体状况、本质特征、区域、职能等方面来看，基层自治组织包括慈善组织、社区组织、互助组织、兴趣组织、学术组织、行业组织、非营利性咨询服务组织等。

首先，参与基层自治组织的过程，就是参与现代社会公共事务的过程。公共德性的培育，需要有"公共实践"这种社会条件的支撑。通过社区、公共组织、公民团体等基层自治组织，以开展志愿服务、公益服务，实现公共参与和公共服务，构建公共实践生态圈。其中，社区的价值，就在于其实践的价值，它是社会公共生活的实践场，也是对学校教育的有益补充。而志愿服务、非政府组织的合法正当行为，作为非政府与非营利的志愿域中的具体实践，作为第三域中自助、助人精神的主要行动展现，反映的也是一种群体行为的共进过程，是一种正能量的共进过程。

其次，参与基层自治组织，实际上就是主体选择在社会生活中的具体化。人们通过在社会文明发展进程中的公共实践，通过参与基层自治组织活动，一方面体验到社会生活的意义与价值，确证自身的自由性、主体性与创造性，享受着社会文明所带来的丰硕成果；另一方面，人们将自己的地位、意志、信仰、愿望、理想、追求等带入基层自治组织，输入社会文明之中，内化为社会文明的层次与结构,充盈并盘活着社会资源。

最后,随着时代的发展,这些组织机构的成员组成、组织运行的自主性不断增强,效能发挥也越来越显著。这与其经费来源的多元化、运作程序的专业化、功能目的的专门化有着密切关系。参与基层自治组织,促使人们以更大的决心与勇气去确认、领悟人自身的本质与力量,促使人们以高涨的热情和自觉的行动去关心人、尊重人、帮助人。

四、符号与传播：象征社会"正能量"的互动

社会主义精神文明建设,需要引导人们正确认识"什么是社会主义,如何建设社会主义",正确认识"国家命运和发展前途",并在全社会形成"共同理想和精神支柱"。公共德性的深入传播,既是对社会主义精神文明建设的一种理解视角,也是为中华民族伟大复兴提供的一种德性动力。

(一) 前提：人的主体意识"符号"得以澄明与强化

中国自改革开放以来,一方面,人们的思想领域产生的巨变,主要表现为人的主体意识的张扬。当时对真理标准问题的讨论引向深入,激发着人们对人学问题、主体性问题、实践问题、价值问题等的深切关注与热烈探讨。在这些学术热潮中,主体性思潮是处于主流地位、中心地位的。

另一方面,在实践层面,以市场机制的确立为主旨的经济体制改革,其目的就在于解放生产力和发展生产力。就其深层意义而言,就是解放了人,释放了人的主体力量,强化了人的主体意识,确立了人的社会主体地位。

因此,人的主体意识"符号"的澄明与强化,人的独立性、自由性"语境"的倡扬与落实,人的生存权、发展权"语符"的捍卫与保障,都是公共德性培育的重要前提条件。

(二) 舆论及舆论法则

首先,关于"舆论"和"公共舆论",其实两者属于不同范畴。因为在舆论还没有发展到一定阶段的状态时,它还不具备公共舆论的内涵与实质。

其次,"舆论"的原始含义指向由评价而获取合理性的言论,但这是一种未经充分论证的、不确定的判断,具有单纯的个人偏好倾向。根据哈贝马斯的考察,舆论最初包含两层意思,即"没有获得充分论证"的、"不确定"的"判断";以及由于"不确定的判断",而给他人酿成"名声",造成"名誉上的影响"。而到了霍布斯那里,舆论变成了基于人的"认知判断"与"信仰"而传递出来的意见。他将舆论与人的意识、良知等同起来,改变了舆论的最初含义。

最后,"舆论法则"是判别人之美德与恶行的法则,但还不是"公众"舆论法则。一方面,"舆论法则"是在洛克的《人类理智论》中被提出来的,即关于"舆论和声誉"的法则。在洛克看来,"舆论法则"就是"国家法则""神圣法则",其根本功能就在于判别人之美德与恶行。他认为,美德是完全可以由公众的评价来衡量与决定的。可以说,洛克恢复了舆论的最初含义。另一方面,从根本上来说,洛克的"舆论法则"尚未成为"公众"的舆论法则。这里的舆论只不过表现为一种私下达成的默契,它既不是在公共讨论中形成的,又不能普遍地运用到具体的事务中去。

(三)公共舆论的原初功能:批判功能和立法功能

公众舆论(公共舆论)最早出现在卢梭的《论艺术与科学》中,其含义与"舆论"的原始含义基本一致。在当时,随着启蒙运动的发展及独立市民的出现,公共舆论代表着民众反对腐败当权者的意愿,具有某种为实现公众利益而自我牺牲的崇高性质。因此,它体现的是民众的反抗意识,表现为一种可靠的共同感,反映的是私人对公共事务的关注。换言之,这意味着私人对公共事务开始公开讨论了,"舆论"开始以"公共舆论"的方式出现,而不再仅仅呈现为单纯的个人偏好。如同伯克(Burke)曾指出的那样,在一个"自由"的国度里,人人都认为他与一切公共事务都有着"利害关系",并"有权"形成、表达自己的意见。他们对公共事务充满着好奇、专注、猜忌与渴望,通过反复探究、认真讨论,使这些事务成为他们自己的"思想",成为他们发现的日常话题。于是,大量的成员从中获得了相当不错的知识,有的还获得了一些相当重要的知识。①

然而,一些早期的启蒙运动思想家往往充满着对公共舆论的乐观态度与美好愿景。在他们看来,形成公共舆论的公众,主要是由一些有教养的、具有独立意识和批判意识的资产阶级私人所组成。他们甚至还谨慎地将学者与统治者在公共舆论中的作用区分开来,认为学者"决定"公共舆论,而统治者则是将公众批判讨论的结果付诸"实践"。

因此,公共舆论在原初就被赋予了两大基本功能,即批判功能和立法功能。批判功能,主要表现为在现有的政治统治架构中,公共舆论对公共事务的分析、评判、声讨、监督等功能;立法功能,主要表现为公共舆论对社会秩序之自然规律的概括,尽管它并非统治力量,却可以迫使立法者将其合理化。

但是,在当时的现实政治生活中,公共舆论之批判功能与立法功能的完美结合,只不过是一个美丽的乌托邦而已。尽管卢梭看到了公共舆论的理想与现实之间的较大差距,但是他还是想要去圆这个梦的。为此,他以"公意"来代表公共利益,以"众意"来代表私人利益。② 在他看来,"众意"只不过是个别意志的总和而已。在这里,卢梭显然是受到了柏拉图思想的影响,相信人性是善的,而政治的正当职能就是要找出方法,来表达这种善的天性。所以,"公意"就被设想为一种绝对的、人之生存的最高善的表现形式;而"众意"就被设定为特定历史条件下形成的、对最高善的一种不完满的理解,也就是公众舆论(公共舆论)。在他看来,每个个体获取真正自由的唯一途径,就是"公意"和"众意"的达成一致、走向统一的最终过程。③ 考虑到"卢梭之天才在于艺术与直觉,而非逻辑与系统",上述设想显然是论断多于论证,其中就包含了推论上的不现实假设。但是,卢梭将公共性等现代意涵赋予公众舆论(公共舆论)之中,还是体现了它不可磨灭的历史价值与时代贡献。

---

① [德]哈贝马斯.公共领域的结构转型[M].曹卫东,王晓珏,刘北城等译.上海:学林出版社,1999:112.
② [法]卢梭.卢梭文集——社会契约论[M].李常山,何兆武译.北京:红旗出版社,1997:55.
③ [法]卢梭.卢梭文集——社会契约论[M].李常山,何兆武译.北京:红旗出版社,1997:40.

(四) 真正的公共舆论：政治建构的重要因素

在我国，"公共舆论"基本等同于"舆论"。可能这里存有翻译技术上的原因，但实际上，更为重要的是因为在传统中国，始终没有出现类似近代西欧社会那般的公共领域，也没有经历过有如启蒙运动的历程而得以发展起来的独立人格与利益主体，所以"舆论"只是停留于较低的层面及较小的范围内，而没有发展为一种政治建构中的重要因素。

所以，一方面，真正的公共舆论必然对政治建构发挥着重要作用。随着我国改革开放及现代社会的建设，真正的公共舆论正在形成，并逐步发展为政治建构中的重要因素。另一方面，真正的公共舆论是对非人道社会制度与虚伪公共性的否定力量，是人类社会发展之自主性内在逻辑的必然选择。真正的公共舆论支持契约精神、秩序品质、批判意识、包容品质等的形成，也就是具有一种对公共德性的弹性文化影响。

(五) 公共舆论的现代意涵：传播客观的现实的意识形态

在现代社会，首先，公共舆论包含了舆论主体的群体性。刘建明认为，舆论是拥有权威性的、多数人的共同意见，表达的是社会的整体知觉与集体意识。[1] 孟小平指出，舆论是公众对其所关切的人物、现象、事件、观念、问题之态度、意见、信念的总和，具有一定的持续性和一致性，且维持一定的强烈程度，并对相关事态的发展产生着影响。[2] 李广智表示，舆论就是在社会公众对关涉个人利益事件的意见之自由表达与传播下，形成的共同意识趋向。[3]

其次，公共舆论具有抨击时弊的功能。公共舆论指向人们在公共生活或公共活动之中，针对公共事件所发挥的社会批判和抨击时弊的效力，具有强烈的现实关怀与现实效应。尽管有时候，这种批判包含了某种不一定全

---

[1] 刘建明. 基础舆论学[M]. 北京：中国人民大学出版社，1988：11.
[2] 孟小平. 揭示公共关系的奥秘——舆论学[M]. 北京：中国新闻出版社，1989：36.
[3] 李广智. 舆论学通论[M]. 哈尔滨：黑龙江教育出版社，1989：26.

面、不一定确切的言语与态度。

最后,公共舆论表现为一种相对客观的社会意识形态。公共舆论体现了民众对社会问题的一种反映,具有社会意识形态的雏形,并具有公开性、差异性、广泛性、可塑性等特征。因此,公共舆论可以说是既真实,又模糊;既生动,又粗糙;既不断变化,又相对稳定;有时候还带有某种盲目性与偏激性。但是,所有这些都是对客观的、现实的世界的反映,都显示为一种客观的、现实的社会意识形态。

(六) 公共舆论的形成、调控、监督的保障:灌注公共德性的实质

一方面,公共舆论影响着人们公共德性的投向与实现。一个人公共德性的发展,离不开文化建设的环境影响;一个人公共德性的培育,离不开风气养成、氛围熏陶、公共舆论的影响。

另一方面,公共舆论的形成、调控和监督,必须要灌注公共德性的实质。正是由于公共舆论具有两面性,体现为既可能是积极的,又可能是消极的,既可能为公共的,又可能为个别的,既可能是真实的,又可能是虚假的,所以,公共舆论需要有公共德性的推动、规约与导向,必须要注入公共德性的实质。唯有如此,公共舆论才能传递社会"正能量",象征社会"正能量"的互动,发挥积极、健康的符号传播效应。

第二节 公共德性的养成性与可教性

人们的公共德性反映的是先天遗传的人格特质,还是在诸如家庭、学校这样的地方学到的呢?人们的亲社会行为是否有可能改变呢?学校教育有意识地培养人们公共德性的思想,或者教人们更多地关爱他人的行为,可以加强人们亲社会的倾向吗?

一、生活上的德性涵润:公共德性的养成性

公共德性作为一种人类公共性的生活特质和亲社会行为的内核力量,

必然离不开养成性的表征。

（一）德性即生活：民众自我赋权的社会行动

首先，作为一种培育自我公共德性的社会生活行动，需要以民众个人主体性的觉醒与确立为前提。此时，人们可以根据自身的内在性，而对外在世界作出判断，在生活中观察、模仿、研习、操练，而不是将超验原则或者传统规范作为行事的唯一标准。

其次，作为一种人之自我赋权的生活实践，需要体现对知识的反思性运用。这意味着人们无须将"代表过去的符号"视作不朽性来对待，而是在相对独立性的前提下，对人之自由性展开和社会之合理性发展，作出相应的生活证明与辩护。

最后，公共德性的培育离不开公共生活的内容。公共德性的形成，是社会公共生活的需要，是一个以契约、秩序、包容为内在品质支持的人类社会的需要。同时，公共生活又是公共德性的载体，公共德性需要通过在社会公共生活中以实践养成而形成。

（二）养成性：追寻德性生活的表征与必然

一方面，有公共德性的生活，离不开养成性的表征。这种养成性体现在榜样示范中的言传身教和自律模范；体现在环境熏陶中的文化建设与风气养成；体现在角色扮演中的公共情感与公共意识，以及对自身实践的思考与认知体验的交换；体现在身体力行中的公共参与、公共关怀和公共德行，以及对公共生活实际问题的治理与解决。

另一方面，养成性是个体对德性生活的内在必然追求。这是因为，对养成的德性需要是公共德性培育的动力源泉，对养成的内在动机需要是公共德性培育的直接推动，而对养成的自我效能需要则是公共德性培育的调控机制。

（三）公共德性涵润：一种生命文明的新模式

公共德性的养成性除了表现为一种民众自我赋权的社会行动和追寻德

性生活的必然实践外,其最终将展现为一种生命存在之文明的新模式。

首先,公共德性涵润塑造和改变着人的生命文明模式。在这里,生命文明指涉有益增强人的适应能力、认知智慧,符合人的精神追求的人之生命质量和存在样式。对于人而言,能够在多大程度上,在何种能力范围内,明确自身的行为动力与目的,体味自身的命运,体认关于人自身的本质及发展规律,是受到德性涵润的滋润、陶染与作用的。从人的社会生活意义上来说,公共德性涵润塑造、改变着人的生命文明模式,在一定程度上影响着人的生命文明的成熟过程。

其次,由于受到诸多历史条件的限制,每一历史时期的人们,通过德性涵润所塑造的生命文明样式是迥然不同的。如在原始社会时期,德性涵润塑造着当时人们对自然神秘力量及传统习性敬畏的生命文明样式。随着人的觉醒和人的解放,在出现了真正的公共生活之后,德性涵润才呈现出培育现代社会中的人所具备的优良品质的功能与效力,其所承载的生命文明样式发生了彻底性的转变。

最后,公共德性涵润的新的生命文明模式,包含着身份特征、社会人格、存在样态三层含义。公共德性涵润所折射出来的,就是一种新的生命文明状态。将其置于现代社会语境中,意味着一个具有公共德性的人,除了表达着其在公共生活中的身份特征外,还传递着其社会人格、存在样态的不同含义。一是身份特征。在中国封建社会时期,家国同构是当时的基本社会架构,人们以血缘关系为组合单位。在这种社会状况下,德性涵润出来的人具有明显的封闭性和相似性的身份特征,这与当时自给自足的自然经济是相适应的,因而得以处于长久的稳固状态。而在现代社会,随着公共领域与私人领域的分离,公共德性涵润的则是具有开放、自由、平等身份特征的人。二是社会人格。在古代社会,德性涵润出来的人,在等级次序和尊卑贵贱中,丢失的是人的主体性;在现代社会,公共德性涵润着人在平等民主建制下的独立人格。三是存在样态。在古代中国,"中国中心主义"的文化世界观,造就的是作为"臣民"的存在样态。在这种状态下,德性涵润导致的是"臣民"在近代发展追寻中的一次又一次的深深挫折感。而在现代中国,人之存在既体现了一种共同体成员的样态,又展现了一种自我确证的能力。公共德性涵润,强调个体对共同体的主动参与和积极融入,强调行为的价值不在于达致实用性的协定,而在于实现每个参与者的自身品质,即发展他们的契约和秩序品质、批判和包容能力,促进他们的美德涵润与亲社会行为的形成。

二、智力上的德性教学:公共德性的可教性

作为人类社会所特有的社会现象,教育与人的发展、社会的发展有着密切联系。因为自人类跨入文明时代以来,便始终离不开教育。但凡有人类生存的地方、有人类文化形成的地方,必然会有从事创造、传递、继承这种人类文化之教育职能的存在。教育贯穿着人类历史的整个过程,以及社会生活的各个领域。也就是从这个意义上来说,列宁将教育誉为"永恒的范畴"。蔡元培更是将"五育"并举的教育方略,贯穿于当时培养国民健全人格的全过程。

(一) 批判四种德性教育观

1. 德性教育的泛政治化倾向

首先,德性教育的良性发展,依托于其国家价值与个体及社会价值双重向度的相对平衡。一方面,德性教育具有凝聚人心、增进共识的政治功能与国家价值;另一方面,作为现代人的教育选择,德性教育具有提升品质、传递文化、整合社会等个体及社会方面的功能与价值。这两方面的功能体现出内在的作用张力,唯有维持这两方面的相对平衡,才能实现德性教育的良性发展。

其次,中国特殊的历史境遇,迫使这种相对平衡状态倾向了实现国家价值的一端。也即过度强调国家价值与政治功能的教育政策及教育模式,出现了德性教育泛政治化的倾向。不可否认的是,自德性教育诞生起,便与政治有着密不可分的联系。究其原因,这与中国传统教育理想被政治权力所充分渗透,甚至是彻底架空有着深层的关系。黄俊杰认为,中国自秦统一六

国后,尤其是汉代以后,教育目标和教育机构便逐渐被政治权力渗透了。[①]在《礼记·学记》中,有这样一段描述,"发虑宪,求善良,足以謏闻,不足以动众;就贤体远,足以动众,未足以化民"。所以"君子如欲化民成俗,其必由学乎!玉不琢,不成器;人不学,不知道"。所以"古之王者建国君民,必是要以教学为先"的。这是中国古代,也是世界历史上,最早的专门论述教育及教学问题的论述。在这里,教育泛政治化趋势被表述得非常清晰。因为教育目标已被界定为"动众""化民""成俗",均是为了维护政治统治需要而设定的。在其后延绵两千年的儒家思想中,无不是浸淫着"以吏为师""惟上是从"的信念。这种传统由于与德性教育的国家价值向度相契合,而被误为"教育之现代性"而"坚持"下来。时至今日,在某种程度上,似乎仍然无法摆脱这两种向度之间的对峙格局。

再次,在现代社会,这是一个具有一定普遍性,且似乎是选择两难的问题。其实,这个问题并不是中国所特有的,西方国家的自由主义教育理念与社群主义教育理念也在这个问题上发生着分歧,而产生出激烈的论辩。一方面,既要避免社会中的每个个体由于国家对教育之"价值中立"政策而导致其"认同缺失",甚至出现无法定位自我、丧失生命归属的现象;另一方面,又要避免每个个体由于国家对教育之"价值介入"政策而致使其"主体缺失"。

最后,导致这一现实困境的深层势力,就在于人之权利的实现(有公共德性的人)与公共德性的倡扬(德性教育)之间还存在着教育机制片面化的因素。尤其在教育泛政治化的影响下,能否倡导公共德性(实施公共德性教育),便不是教育本身所能够决定的。

要解决这一问题,一方面,必须要承认个体具有其基本的权利与自由。这意味着的确存在着一种不容挑战与置疑的人的尊严与价值,它不受国家的干预与支配。因此,人的合理的独立性与主体性是正当的,是应该得到支持、受到保护的。所以在坚持总的方针政策下,在坚守原则性导向下,不应

[①] 黄俊杰.大学通识教育探索——中国台湾经验与启示[M].广州:中山大学出版社,2002:122.

将德性教育过度政治化,而侵入人的基本权利与自由之中。

另一方面,在现代中国,国家对德性教育的必要的"价值介入"仍然尤为重要。实际上,人的独立性和主体性并没有上升到抽象性的高度,因为"公共德性之人"并不需要修炼到传说中的"凌波微步"绝世武功,也并不是居于孤岛上与世隔绝的高仙之人,而只是生活在具体时空情境下的人。换言之,人就是生活在复杂的经济政治社会之权利义务关系网中的人。而将这种复杂关系网以具体化表征的,就是国家。由此可见,人之现实实现方式就是作为国家之人,作为一个国家的公民而存在的。尤其对于我国而言,对于这样一个处于社会转型期、且缺乏一定社会公共性的国家来说,国家对德性教育的必要"价值介入"就显得尤为重要了。

2. 德性教育的虚无主义取向

德性教育的虚无主义取向,一方面主要表现为"教育无用论"的论断。在这里,此"用"指向的就是"功利之用"。也就是说,这种观点认为德性教育是不能为人们带来显而易见的"好处"的,所以有没有这种教育,就显得无关紧要了。

另一方面,从整个社会的结构来看,德性教育已被当前的经济、政治严重边缘化了。这主要源于对德性教育价值的遮蔽与解构。这种观点认为教育对人之德性发展影响甚微,或者说是毫无影响。德性教育在帮助人形成健康人格方面无能为力,在促进人之品质发展方面也显得力不从心。这与不良德性教育给人带来的"说教"色彩有着密切关系,它使人自然而然地产生抗拒心理,在没有深入了解的情况下,容易将其拒之内心之外,表现出"无可作为",从而使德性教育更加边缘化了。

要解决这个问题,一方面要将德性教育放入经济全球化、世界一体化的格局中来看待。我们无法否认全球化时代已经来临,并真切地感受到它已切实影响到我们的现存生活。因此,培育具有全球视野和国际精神的人,是教育现代性发展的必然要求,尽管全球化本身带有断裂性与脆弱性。全球化的断裂性表现在经济体系中的富国与穷国之间的断裂,且这些富国与穷国之间的差异往往愈发加大,同时技术精英与劳工阶层之间的收入也往往加剧着人际间的矛盾;其脆弱性更是可以从历次世贸会议、全球峰会的会场外的各种抗议声来得以说明。可见,全球化并不是从来就受到人们所追捧的,美国纽约世贸中心"9·11"恐怖袭击事件更是将全球化的弊端暴露无遗。但是,我们不能据此而拒绝全球化,至此过上闭关锁国的日子。应该看到,全球化致使各国之间的信息、知识等的交流畅通无阻。这是一场连带巨大风险与巨大机会的博弈,也是一种无法回避的世界性趋势,需要予以全面认识与整体权衡。而要做到这些,必须要有教育的支撑。而明晰全球化时代的公共德性层次性与历史现实性,更有待于教育的勇敢担当。

另一方面,更不要说对于那些身处偏远地区的贫困学生而言,教育已成为他们改变命运、找寻真实自我、实现人生理想的机会与重要途径。至少,我们要能够看到教育在尽力帮助人们达到人生中的机会公平,尽管这还是一种"相对低端"的机会公平,但有了这种"低端"公平才更有可能向"高端"迈进。

因此,德性教育的虚无主义取向是站不住脚的,因为公共德性是教育的本质需求,更是人们自身发展的迫切需要。

3. 德性教育的工具化偏向

近现代中国公共德性探寻时间上的相对短促性,造成教育从一开始就被视为自强图存的救国之"急用",因而带有强烈的实用色彩。尤其在初始全盘照搬苏联教育模式后,通盘计划的技术主义教育价值理念盛行。

一方面,教育资源支配出现了工具化偏向。德性教育应为广大普通人所公平享有,这是现代教育本身所涵摄和倡导的。但是,德性教育在很大程度上是无法回应这一点的。或许,我们会找寻各种各样的理由,以历史条件、国家发展水平、地域局限性等为由而进行自我安慰,但是时至今日,事实上这种教育不平衡现象仍然触目惊心。究其原因,与教育资源的把控和使用受到工具化垄断,是不无关系的。加之教育资源的相对匮乏,教育公平便无从谈起,教育成了权力分配的工具。所以,若没有教育资源的充沛与协调,大众教育的确举步维艰。

另一方面,在工具化偏向下,培养出来的是各类"工具式"人才。这里包含两层意涵。其一,通过垄断意图,就可以来决定、培养各种"工具式"人才,此种境况无异于西方中世纪时的神学教育模式。加上竞争极端激烈的高考评价机制,学生有沦为背书机器、考试机器之嫌。像生产产品一样,来批量"生产"考试工具,而无视人之主体性。其二,在教育工具化偏向下,人的价值取向也不免受到影响,培养出来的人也会迷失人之本质。如同钱理群教授所言,一些大学正在培养"精致的利己主义者",即"高智商""世俗""老到""善于表演""懂得配合"的人,他们更"善于利用体制"来达到自己的目的。在他看来,这种人一旦"掌握权力",比"一般的贪官污吏"危害更大。这是教育工具化偏向导致的直接后果。

解决这类问题的关键,一方面是要确保教育的相对独善。既要给予教育足够的支持,又要给予其一定限度的学术自由。要用开放、灵活、宽容的公共德性教育机制,来最大限度地保障教育实施中的公开、公平和公正,克服教育工具化的片面性。另一方面,是要将"人是目的"视为教育的自然使命。因为从根本上来看,教育应该忠诚的对象始终离不开受教育者本身。而公共德性教育正逐渐成为个体完善的重要创新力,变革社会的重要内驱力,团结族群的重要凝聚力,维护和平的重要制衡力。它逐渐显示出有效克服中国近代而来在救亡图存历史背景中所形成的教育工具化的效力,以复兴教育的真正价值。

4. 公共事件评价的泛德性教育化趋向

在公共生活中,泛德性教育化趋向主要表现在:一方面,对社会道德问题的高度警觉及敏感评价已超越了对具体问题的认知兴趣与应对能力。其实,原本很多事件并不关涉德性教育,但是也会被提至德性教育层面,好似任何事件都可以与其关联起来。

另一方面,它普遍带有对德性教育的不信任及一种质疑情绪,甚至是对立抗争征象。在这过程中,民众对德性教育评价的聚合、催化与放大效应已被展露得淋漓尽致。而它的形成与现代社会中人际矛盾的积累有关,也与面对矛盾而缺少行之有效的发泄渠道、评价场域和解决之道有关。因此,对公共事件评价的泛德性教育化趋向,首先会影响到德性教育的权威性与公信力。它容易使受教育者产生对德性教育的抵触与腻烦情绪。

其次,它挑动的往往是那些见世面不多,而且理性欠缺的青年人的脆弱又敏感的神经。因为人们在这种泛德性教育化倾向中往往是非常狂热的。但是我们也要看到,它在某种程度上也反映着民众的公共参与诉求和德性教育需求,只不过它的表现往往带有虚假性,在诸多情境下愤青们事实上是被利用了。所以,在民众还没有发展出健康的公共舆论的倾向下,对泛德性教育化趋向的合法性解读将不得不令人担忧。

最后,它容易致使公共权力侵入私人空间,容易出现"以道德之名,行绑架之实"的状况。所以公共权力对私人权利需要有审慎的尊重。

总的来看,任何公共事件,若没有道德意义、道德动机在其中,是无法进行道德意义的评价,无法进行德性教育评价的。因此,切不可将德性教育评价无限拔高,无限度地渗透、统摄至其他领域的评价话语体系之中,而使得其他话语体系和评价体系沦为德性教育的仆众。

(二) 公共德性教育的本质理念

首先,"公共德性教育"是一个存在于现代社会中的概念。这并不是因为"公共德性"实为一个现代社会中的概念,而是因为"公共德性教育"的理念、模式,作为教育本身的历史发展中的一种实现方式,是属于现代社会的,它表征着教育的现代性。

其次,"公共德性教育"的本质存在于公共德性意涵的现代转型同教育本身的现代转型进路的交叉点上。一方面,我们不能单方面地从"公共德性"的历史意涵中去理解"公共德性教育"的本质。因为"有公共德性就有公共德性教育"这一命题,无论是前提还是推论过程,都是值得推敲的。另一方面,也不能仅从某一时代的教育现状去抽象"公共德性教育"的本质。因为其好似城邦政治的公共德性,实际上仅是少数人才能拥有的,且带有浓厚的理想化色彩,它与现代社会的公共德性内涵存在较大差异,这也从另一层含义上至少说明古代的公共德性教育与现代社会的公共德性教育不能相提并论。因此,要理解公共德性教育的本质理念,必须要加入现代社会的教育内涵。具体来说,就是要将公共德性意涵的现代转型同教育本身的现代转型,视为两条不同的历史进路,那么"公共德性教育"的本质就存在于这两条历史进路的交叉点上。

最后,现代"公共德性教育"所呈现出来的本质理念,包含主体性教育理念、全民性教育理念和实践性教育理念。一方面,在公共德性教育的本质理念下,现代公共性的要求获得了历史的实现表征。这就要求公共德性教育能够在最大限度上、在最大范围内体现公共德性的公共性特征。另一方面,公共德性教育的对象是人。而在现代社会中,人的实存类型发生着转变,人的生存标尺也发生着转变,这就要求教育领域也必须作出同样的转变。

一是主体性教育理念。这体现了公共德性教育的人本化。古代教育,从某种意义上来说,是"神本主义"教育,教育只不过是为了分享神的荣耀和力量罢了。在近代,随着人的主体意识与自我观念的觉醒,教育需要更多地关注每个人的现实生命存在状况和发展条件,需要体现"人本主义"。教育的本质,首先就是要表达对人性的弘扬,对人自身发展的关注,对人本身价值实现的强调。教育家最重要的任务,就是要尊重人的身体和心灵。[①] 由此,公共德性教育所塑造的民众,能够成为现代社会建设的行动主体,成为启蒙心智、激励进取、变革社会的进步力量。

二是全民性教育理念。这体现了公共德性教育的大众化,即每个个体都拥有平等的、自由的接受教育的权利。公共德性教育不再是身份地位与等级的特权象征,不再是个体私人化的事情,国家必须有意识地介入并使得教育能够普及化,使得教育能够被赋予公共性的含义,使得教育成为每个人都可以普遍持有的权利。这是人的解放、人的思想觉醒的结果,也是现代民族国家建构的结果,是权力公共性征象的结果,是公共实践与公共舆论作用的结果。

三是实践性教育理念。这体现了公共德性教育的社会化。如果说先前教育只是少数人为了实现完满的自身或者为了获得道德上的超脱的话,那

---

① [英]劳伦斯.现代教育的起源和发展[M].纪晓林译.北京:北京语言学院出版社,1992:316.

么现代教育就是使每一个人学会现世生存,学会履行自身在社会上的职责。公共德性教育不仅具有完善个体品质的作用,而且成为确保社会有效运行的重要途径,成为社会筑构的重要力量。如同孔多塞(Condorcet)所认为的,公共教育作为一项社会义务,是使每一个人都能找到自身合适位置的唯一途径。由此可见,公共德性的教育体系与社会功能的紧密结合,已成为教育的现代性的重要特征。

(三) 德性教学的实施选择

其一,在德性教学的实施中,要通过引发认知冲突来激起个体的认知好奇心。认知好奇心是学习的内驱力,也是学习内在动机的核心,表现为一种探索的欲望、一种操作并掌握行为的热情与兴趣。可以通过对偶故事、道德两难实验、道德讨论等方法,在个体原有认知结构与教学情境的不一致中;通过螺旋式课程,在个体认知结构内部各种不同成分间的不一致中,从个体认知的平衡状态,达致认知的矛盾与不平衡状态,直至再次回归认知的平衡状态,以循环往复。

其二,在德性教学的实施中,需要提高个人的成就动机与成就归因。一方面,成就动机是一种内在推动力量,意指个体愿意去做那些自认为有价值或很重要的活动,并力求成功。在阿特金森(Atkinson)看来,个人的成就动机包括追求成功的动机和回避失败的动机两大类。[①] 其中,具有前者成分比后者多的人,往往可以被称为"追求成功者",对于这类人而言,越是具有挑战性的任务,越能激发其成就需要;而具有后者成分比前者多的人,往往可以被称为"规避失败者",这类人倾向于要么选择极其容易的任务,要么选择极其困难的任务,因为选择容易的任务可以最大限度地避免失败,而选择那些非常困难的任务,即使是失败了,也存有一定的托辞,便可减少自身的失败感。因此,"追求成功"的动机比"规避失败"的动机,更具有现实意义。

---

① 陈琦,刘儒德.当代教育心理学(修订版)[M].北京:北京师范大学出版社,2007:222—224.

另一方面,不同成就动机水平的人,他们的归因模式也是存有差异的。一般而言,高成就动机的人往往会将成功归因于能力与努力。其中,能力属于一种稳定的内部归因,努力则属于一种不稳定的内部归因。高成就动机的人往往相信自己是有能力的,并且会不断探索同成就相关的新任务,但若结果是失败的,则会归因于自身的努力还不够,还需在今后加倍努力,并仍然期盼着成功。而低成就动机的人往往会将成功归因于外在因素,其中任务难度属于一种稳定的外部归因,运气则属于一种不稳定的外部归因。低成就动机的人会认为自身的成功是由于任务难度低或者是碰到了好运气,而将失败归因于任务太难、运气不好等,似乎与自身没有什么关系,这使得他们的成功看起来几乎完全取决于外部,而与自身的能力与努力无关,从而会出现"期望再次失败"的心理定势。

其三,通过外部强化,以增进个体行为中的亲社会倾向。外部强化是一种外部影响力。可以通过正强化与负强化的交替使用,充分发挥普雷马克(Premack)原理的功能,选用适当的强化物,将低渴望的行为与高渴望的行为联系起来,以增加个体低渴望行为的再次出现概率;同时,适时结合正惩罚与移除惩罚,通过恰当的方式和强度,以达到个体行为塑造的目的,达到强化个体亲社会倾向、型塑其亲社会行为的目的。

其四,在德性教学的实施中,要适当增加旁观者干预的可能性,促使个体通过榜样示范来进行学习。如借助观察学习、共情训练等方式。同时,也要发挥安泰效应,在群体学习和社会建构中获取支撑与帮助;发挥霍桑效应,使自身也能够在被观察、被关注的境况下,不断改变自身的行为倾向,更加勤奋、努力,以使自身更为优秀。

最后,在德性教学的实施中,可以通过师生间的良性互动与平等交流,来促进对话、鼓励合作。如可以通过呈现不同观点,以促进多角度思考。在互动交流中,尽量避免个体出现习得性无力感,避免由于连续的失败体验而出现的自暴自弃消极状态;转而培养个体的自我效能感,使个体在学习中能够情绪饱满、自信十足。

三、融通：养成性与可教性的关系互动

需要通过对公共德性在实然层面的类比描述和现实批判，探索合乎个体品质发展规律的公共德性培育养成性与可教性的关系互动。

(一) 内容互动：全面性教育内容

全面性教育内容体现的是教育生活化的内容。一方面，在教育现代性发端前，教育教学内容充斥着神学呓语，几乎所有学科都在不同程度上以神性为论证而获得了存在的合法性。在古代西方，教育内容主要划分为两组门类，一组包括三科，即文法、修辞、辩证法；另一组包括四艺，即算术、几何、天文、音乐。其中，四艺在教育中的位置非常有限。这也是为何涂尔干将古代教育的风格称之为"形式主义"的根本性原因。在涂尔干看来，当时的教育目标并不在于教给孩子"实际的知识"，并不在于教给他们理解"具体事物的实际面貌"的最佳立场与主张，而在于培养他们一些纯属形式性的技艺，或者是自我表达的技艺，或者是论辩的技艺。[①]

另一方面，在现代社会，教育逐渐地接近人们的日常生活，成为人们生活本身的一部分。换言之，教育不再表现为某种纯粹的精神训练，而逐渐融入了生活关怀和生活气息，逐渐加入了经济、政治、管理等方面的内容。正如夸美纽斯（Comenius）所言，教育人们牢记自己的"精神生活"虽然很重要，但是绝不能因此而丧失对"世俗生活"与"公民生活"的关怀。教育的一切内容，都必须要对此生具有真正用途。因此，应该教会人们从天空、大地、榉树、橡树中去了解事物。简言之，就是要了解"实际存在"的具体事物，而不是仅仅了解别人对这些事物所发表的见解、所举出的证据。[②]

---

① ［法］涂尔干.教育思想的演进[M].李康译.上海：上海人民出版社，2003：389—390.
② ［法］涂尔干.教育思想的演进[M].李康译.上海：上海人民出版社，2003：397—398.

(二) 方式互动：融合性教育方式

这充分体现了公共德性培育中教育方式与生活方式的融合。一方面，需要在教学中创设真实任务，提供主动探索机会。可以通过三种教学方式实现共融：

第一种是支架式教学方式。首先通过搭脚手架，即围绕当前学习主题，以"最近发展区"要求建立学习架构；再进入情境，即将学习者引入一定的生活情境之中，引入学习架构中的某个节点；随后进行学习者的独立探索，以及以小组为单位进行协作学习；最后，实施效果评价，既要有自我评价，又要结合小组评价。

第二种是抛锚式教学方式。一开始直接创设情境，也就是创设与现实生活类似或者基本一致的真实情境；然后确定问题，即让学习者面对一个需要即刻解决的现实问题；随后以学习者的自主学习为主，教师仅提供必要线索，由学习者自主解决问题；接着，进入协作学习阶段，开展团队之间的讨论、交流与补充；最后，进行效果评价，这种效果评价需要注重在学习过程中的观察与记录。

第三种是随机进入式教学方式。先是呈现基本的生活情境；然后随机进入学习中的某个节点；接着，进入思维发展训练阶段，以及小组协作学习阶段；最后，进行效果评价，包括自我评价和小组评价。

另一方面，这种融合也需要在生活实践中实现与教学的互动。如公正团体法在具体生活实践中的运用，既鼓励参与者作出最佳的选择，又要求团体创设良好的环境氛围。这既考验着教育者的工作方式和工作艺术，又使德性教育能够从课堂走向生活，与生活紧密联系起来，与社会实践紧密联系起来。

(三) 养成性与可教性结合：公共德性的实践基础

首先，两者并不是"有我没你，有你没我"的关系。公共德性的养成性，并不否定它的可教性；同样，公共德性的可教性，也并不否定它的养成性。

其次，两者是相辅相成的。养成性是可教性的基础之一，有公共德性的生活经历是其教育培养的前提,在养成性影响下而获得的经历与体验,可以使可教性愈加得以良性运作,使可教性愈加得以巩固;同时,在可教性的训练和支持下,养成性也将愈加走向成熟。

最后,两者殊途同归。无论是生活上的德性涵润还是智力上的德性教学,无论是公共德性的养成性还是可教性,其培育人的真正价值就在于"成人"与"成才"的统一。"成人"是以个体及其内在修养为价值取向的,侧重的是人的个性的发展与完善;"成才"是以社会及国家要义为价值取向的,侧重的是人的社会性的发展与完善。因此,养成性与可教性的结合,使得人之公共德性的实践,能够在现实生活中,尽可能地避免偏向"成人"与"成才"的任意一方,而实现"成人"与"成才"的真正的有机统一。

第三节 公共德性培育的显性与隐性

一、"显""隐"观念的理论分化与定位

公共德性培育的显性与隐性,是公共德性培育的现实思考与任务之一。

(一)公共德性培育之显性定位

公共德性培育的显性,指向的是一种公开的、有组织的、直接的培育形式,意在提供显明的、全方位的培育模式。在很长的一段时间内,显性培育是我国各级各类德性培育的主要形式,发挥过独一无二的作用。

1. 培育目的之外显化

一方面,在公共德性的显性培育中,培育目标、培育目的和培育要求是明确的,任务是清晰的、外显的。因此,显性培育往往表现为一种对知识、理念的外显扩散过程,使公共德性可以为更多的人所共享,以创造出更多的培育价值。

另一方面,显性培育是相对系统化的。实施方对培育内容的分享,往往不是其自发的行为,而是一项系统性的工程。通过对已经确定的目标、要求

进行步骤设计,并分级分层布置细化,既易于集中起来作系统安排,又使得具体要求得以落实到位,还可以使不同方面的特色得以强化,更利于归类、整合、借鉴、统筹。公共德性培育之显性定位,使得培育更为平稳、有序,更为条理清晰,更益于掌控与调节。

2. 培育内容之权威化与明晰化

首先,显性培育的内容往往具有较强的权威性。正是由于这种培育内容具有较为威望的性状、相对官方的认定,所以具有一种固然的、使人信服的力量。一般情况下,其借鉴的内容是集体智慧的结晶,具有厚重的历史沉淀感,往往被视为培育内容之典型与标准。

其次,显性培育的内容通常能够被清晰地表述与有效地传递。出于培育内容的"显性"需要,这些内容往往可以被写在书本上、杂志上,并且能够被清晰地表述出来,使人能够清楚、明白地感知与接受。

最后,显性培育的内容也需要有一定的时效性,需要具备一段时期内的决策价值属性。否则,哪怕对一些经典原理的介绍,若过于倚靠距离感较大又缺少必要背景支撑的陈旧内容,也容易使人无法理解,更无法产生内心认同。

3. 培育方法之固定化

一方面,流程化、格式化与模板化是公共德性显性培育的固定性状。其中,理论课、专题报告等是德性培育最为常见的显性表现方式。这些培育方法可以借助口头传授、媒体视听等方式来实现,并诉诸教科书、专利文献、报刊、软件等载体获取,经由语言、文字、数据库等途径传播。就具体的培育方法而言,可以通过培育模式的更替、培育策略的变换,并结合正激励与负激励、正强化与负强化等手法艺术的出新,不断提高显性培育的效率,达致培育计划预设的目标。

另一方面,在显性培育中,实施方与培育对象的地位和角色也是相对固定的。在大多数情况下,培育过程的展开是以实施方为中心的,培育对象给予的是恰当的反应,因此显性培育往往表现为一种讲授与反应之间的联结过程。而且,实施方是整个德性培育的控制者,也被视为知识的传授者,而培育对象的角色主要被设定为一个聆听者、一个接受者、一个被传输者。

4. 培育效果之直接化

一方面,公共德性的显性培育是一种相对快捷、高效的培育形式。因为它的针对性较强,能针对具体任务和对象,集中培育的人力、物力,全方位地进行培育引导。同时,它也是一种规范化的培育形式,因此在某种范围内及一定程度上,能够使培育效果"高产",产生显而易见的功效。但是,这种直接化若过于刻意,忽视了个体的接受差异与个性需求,照猫画虎般培育"公式化"的个体,以求千人一面的效果,那么极易使人产生对说教之厌烦感,产生被灌输之抗拒性,从而使培育效果适得其反。

另一方面,正是由于显性培育效果较为直接,因此更需要实施方具备较强的理论自信,拥有较强的理论吸引力、理论说服力和理论影响力。这考验着实施方的理论功底与理论修养,也考验着实施方对德性培育的倾心程度与注入精力。不然,离开了扎实的理论魅力与表现实力,显性培育容易沦为没有实质价值的口号与空壳。

(二) 隐性培育:内"隐"学习理论之价值

正如托克维尔所言,"没有道德",或者说"道德没有信念",那就没有"自由"。[①] 在他看来,即使没有人作自我牺牲、一心为公的训诫,但是人们始终相信牺牲精神对受益者与牺牲者本人来说都是具有价值的,所以绝不会缺少牺牲精神的表现;即使人们绝口不谈"德行是美好的、高尚的",但是人们始终坚信德行是必要的,并且每天都在按此信念行事。这里蕴藏的就是一种隐性力量。

1. 内"隐"学习体现学习自主性

一方面,隐性培育体现了学习的自主性。内隐学习意指个体对学习过程缺少较为明确的意识,表现为学习的模糊性与自动性。但这个学习过程却是个体组织自身经验世界的过程,是个体主动建构意义的过程。而且,这

---

① Tocqueville, Alexis de. Journey to America [M]. London: Faber and Faber, 1959: 38.

是一种社会建构，并非仅仅表现为一种个体建构，因为在这个过程中，与他人的磋商是能够帮助个体建构自身的知识、情感与价值观的。这种隐性培育，甚至已表现为一种个体自我实现的过程。

另一方面，隐性培育对象之间存在多向性的互动交流。实施方对培育对象不再是单向的传输过程，而是表现为一种双向互动。而且，培育过程主要是以培育对象为中心而展开的，实施方仅仅表现为培育过程的促进者与帮助者。也就是说，在隐性培育中，实施方与培育对象之间的关系更似对等的伙伴与互助者的关系。

2. 情境刺激催生德性认同

一方面，隐性培育的展开往往借助于观察、模仿与亲身实践等方式。在这一过程中，无论是现实的情境融入还是虚拟的情境刺激，都为隐性知识、情感的传递创造了条件。这些观察、模仿与实践，是建立在个体原有知识兴趣的基础之上的，而非将个体视为毫无相关知识经验的白纸。同时，隐性培育的功能在于个体适应情境环境，进而催生德性认同，而并非苛求个体定要发现、掌握真谛以解决棘手的难题。

另一方面，隐性培育具有一定的潜在性、渗透性与灵活性。它往往诉诸隐性资源，借助环境、实践、人格、传播等的力量，通过个体非特定心理反应而发生着作用。这种感染是潜移默化的，这种陶冶是润物无声的，这种浸染是灵动变通的，这种滋养是盘桓持久的。哪怕是一场演说、一个仪式、一部电影，有时候也能对个体的品质成长产生影响，从而产生隐性培育的效力。

3. 客观存在、无处不在的隐性资源

一方面，我们无法否认隐性资源的客观存在性。正是由于隐性资源是无处不在的，它便为实施方与培育对象之间提供着更多的共同语言，也使培育对象之间的沟通更为顺畅。有时候，也正是在这些看似不经意的评论、解释、假设之中，个体自身对一些知识经验予以合理化，并转化为自身知识结构的一部分。而对于各种隐性资源，个体在对它们的接触中，学习的是如何去理解它们，而非以识记为目的；同时，在这个过程中，个体是通过自主探究、互相讨论来会意的，而非仅仅表现为安静地听讲。

另一方面,尽管隐性资源无处不在,但隐性培育却具有效果的非预见性。因为隐性培育具有渐进性特征,隐性培育的作用力也是间接的,它的培育目的的达致主要取决于个体对事实的接触度、参与度和理解度,以及其生活经验的积累,所以其效果是具有个体差异的,也是无法完全设定的、无法完全预测的,具有典型的不确定性。

二、照应：显性与隐性的动态平衡

显性培育与隐性培育虽然作用于不同的层面,但是在公共德性的培育中,两者的动态平衡是极其重要的。

(一) 酌盈剂虚：以隐性培育填充显性培育的盲区

首先,德性培育不等同于具体知识、技能的学习,因而不是通过几条原则规范的识记、几堂课的讲授就能够实现的。若将德性培育与德性知识的学习画上等号的话,那么将德性培育与枯燥、乏味、无趣联系起来也就不足为奇了,因为在德性培育的世界里,不仅有关于对德性知识的认知部分,还有关于德性情感、德性意志、公共德行的习得过程,这就不是仅仅通过抽象的理论学习所能领悟的,还需要回归生活世界,联系实践活动,以鲜活的体验领略公共德性的丰富内涵与实质。

其次,显性培育确实存有盲区,这个盲区包括显性培育在具体操作范围上的盲区、在生活空间内的盲区、对个体心理关注中的盲区等。因此,我们需要以隐性培育的个体主动性弥补显性培育的个体接受性,以隐性培育的个体自我建构弥补显性培育的注入方式,以隐性培育的菜单式选择弥补显性培育的固定式模式,以隐性培育的个性化弥补显性培育的大众化,以隐性培育的内在渗入来弥补显性培育在评价机制上的表面性。

最后,以隐性培育填充显性培育的盲区,是以承认两者之间的平等互促关系为前提的。也就是说,隐性培育与显性培育之间的关系不是彼此对立与抵牾的,因此既不可忽视隐性培育资源的客观存在性,也不可以隐性培育的副作用来干扰、冲击显性培育的效果。如在显性培育中强调控制白色污染的重要性,但餐厅却提供着发泡的餐盒;如显性培育中强调要进行垃圾分类,但城市社区中却没有分类的垃圾箱等情况。

(二) 取长补短:以显性培育填补隐性培育的碎片

一方面,在对德性经验的习得无法依靠内发而完成时,显性培育就是必要的。尤其对于一些规范性的陈述性知识而言,显性培育的作用是不可或缺的,因为它是个体形成关于具体事件的分析能力与判断能力的基础。

另一方面,显性培育也能够填补隐性培育的零散性与碎片化。隐性培育多数是从某一个问题或现象出发,对某一个或几个观点进行探讨,一般无法在培育过程中自发形成相对完整的理论体系。同时,若隐性培育过度地强调培育对象的潜能与中心地位,也容易使培育不恰当地拘泥于满足个体自发的爱好和兴趣之中;同样,若隐性培育片面地强调培育对象的自我评价,而无视培育效果的客观检验性,也会使培育内容的内在逻辑性被打破。因此,在德性培育中,我们需要以显性培育的正面性来引导隐性培育的复杂性,以显性培育的积极性来消解隐性培育中消极部分的影响,以显性培育的系统性、完整性来填补隐性培育的零散性与碎片化。

(三) 互通有无:从隐性培育的显性描述到显性培育的隐性转化

首先,两者显隐互动、可隐可显。对隐性培育的显性描述,就是将一些不太容易理解的内容,通过类比、假设和隐喻等手段,采取交换想法、深度会谈等方式,使之更容易被理解。而对显性培育的隐性转化,就是将显性培育的内容运用到具体的社会实践中去,渗入公共生活空间之中,并创造出新的隐性价值。因此,对公共德性的培育,或显或隐,两者之间是可以互动转化的,针对不同的内容既可隐可显,又显隐相依。

其次,两者有机结合、优势互补。其实,在公共德性的培育中,"显"与"隐"各有优势,也各有各自鞭长莫及之处。那么,互相取长补短,而非紧盯着对方的劣势不放,才是对公共德性培育的应有之义。例如,显性培育形式的趣味性不强,就可依托隐性培育的活泼、生动来补充;显性培育内容的严肃性、刻板性印象,就可借助隐性培育的灵动性来弥补;显性培育的时效性更需要隐性培育的渗透性来添补;而隐性培育的实践性也需要显性培育的课程性来支持。它们既相互区别,又相互联系,有机结合,优势互补。

最后,两者互通彼此、动态平衡。在一定条件下,显性培育与隐性培育的结合,可以使个体的体验更为饱满、更为真切。在语符上,它们对于思想的表达,对于感情的展露,对于知识的交流都是可以互通的;在传播上,它们对于社会信息的传递,对于社会系统的运行,也是可以互济的。若仅采用并维持一种培育方式,有时候难以达到一定的培育效果,只有维持这两者的动态平衡,才能发挥对公共德性培育的综合价值与独特意义。

第四节　公共德性培育的现实与媒介

一、多维棱镜透视：前网络文化阶段与网络文化阶段

在这里,"前"不单为一个时间性概念,更是一个超时间性的概念与界定。换言之,对公共德性培育的前网络文化阶段与网络文化阶段是可以在时间上同在的。

（一）前网络文化阶段：语言、印刷文字与一体化电视

前网络文化阶段,意指在数字媒介被普遍应用于文化领域之前的阶段,包括口语、书面印刷文字,以及像、景、声、字一体化的电视等。在教育领域中,其主要形态载体乃传统的学校教育方式。

1. 现实语符：前网络文化阶段的传播载体

前网络文化阶段的培育传播主要依托于现实语符展开。从口语的逐渐相变,到文字由书写至印刷,再到集图像、情景、语声、文字于一体的电视演进,这些都是沿着人们的视觉、听觉、触觉等的彼此激发、替补、综合发展而来的,并实现了由单一感觉到复合通感的表达技能变迁。

首先,语言载体。语言表达几乎是与人类历史共发生、共存亡的。在公

共德性培育中,借助口语、身势语言等,人与客观世界保留着思考的距离,人与人之间进行着精准而又快捷的交流活动。语言载体是与主体思维保持同步性最佳的载体,也是公共德性培育中运用最便捷、最广泛、最自由、最灵活的载体。但是,语言载体也存在明显的局限性,如受到严格的空间限制、精确度相对低、容量也十分有限等。

其次,印刷载体。在公共德性培育中,从语言载体到印刷文字载体的进步,是其培育发展的客观需要。因为随着对思想、经验的记录、存储能力的迅速提高,对人类公共德性的培育探讨避免了大量的重复劳动,使得人与人之间得以实现异空、异时的错位交流。尽管这种交流还存有一定的滞后性,但是不可否认的是,文字始终是我们得以静下心来认真研读、反复推敲的最适宜载体。对于书写者来说,文字表达更容易使其思想创作达到上佳的境界;对于读者来说,经典的、优秀的理论、素材是百读不厌的,也是越读越能产生共鸣的。

最后,影音载体。在前网络文化阶段的影音载体,包括电视、广播等将光、像、景、声、字等多种信息符号同技术集于一身的载体。其实,追求多感官的协调表达,是人类对于交往活动方式的孜孜不倦的追求。从单面到完形,从片段到整体,影音载体体现的是人类对于德性培育载体体验倾向的必然要求。如在影视作品的生活化的表现中,个体得以以放松的状态不经意地接受、理解作品所要表达的一切,包括其中所蕴含的德性旨趣,而它缓解的也正是个体在阅读与听讲过程中的紧张状态,这是影音载体的吸引力所在。

2. 固定性与单向性:前网络文化阶段的共性特征

一方面,前网络文化阶段具备这样一些固定性条件与特征:一是固定的活动时间、固定的场所。二是严格规定的准入条件与完成时限。三是固定的实施人员与面向对象。四是相对固定的制度与管理要求。如在教育领域中,表现为严格遵循的年级制、班级制,明确的课程要求,严密的教学大纲等。由此可见,前网络文化阶段是一个制度化凸显的阶段,其共同特征乃固定性。

另一方面，前网络文化阶段的信息传递是单向性的。实施方与对象之间的关系表现为发送与接收、授与受、主动与被动等，他们之间的交互功能相对欠缺。尽管电视等媒体的出现，使信息互动已具备了初步的可能性，但这种互动尚不具备实时同步的完整性，信息还是主要以单向传递为主。

（二）网络文化阶段：多相语符的超时空组合与超交往平台

网络文化是信息社会的产物，是集一切流行媒介元素于一身的互联网发展的产物。网络带来生活方式的变革，使公共德性的培育面临更大的挑战，也为公共德性的培育创造了更多的可能性。

1. 媒介是人的延伸：网络文化阶段的基本理念

在麦克卢汉（McLuhan）看来，媒介即讯息。也就是说，媒介是人的延伸，任何媒介对个人与社会的任何影响，都是源于新尺度的产生。[1] 媒介不仅是传递信息、表征事物意义的符号，而且其本身也在生成内容，凝结着个体的感知方式与实践经验，并构建着一种不断创新的文化环境。

2. 多相语符的超时空组合：网络文化阶段的总体性状

作为一种全新的媒介组合形态，互联网具有界域的全球性特征，其最显著的特点就是规模的超大、参与人数的超量、运行节奏的超速、讯息多样性的超局域、信息展示的超文本等。

其中，便携网络、数字产品、移动终端、云计算、全息影像、可穿戴设备等语符媒介的新组合方式，颠覆了若干语符表达的时空方式，建构了一种全息化、全景性的超时空媒介语符组合方式和展示方式。这种"超时空"，并非指在时间与空间上的不存在性与无法展现性，而是意指对以往语符时空形式的打破与改变，是一种创新的时空运演方式。主要表现在：

一是它超越了以往一切媒介组合样式的时空规模，使"零时间"与"零空间"成为可能，使"零距离"不再陌生，从而彻底改变了人类的时空知觉与时空观念。

---

[1] ［加］麦克卢汉.麦克卢汉精粹［M］.何道宽译.南京：南京大学出版社，2000：33.

二是它改变了物理时空的自然形式,具有对信息语符的特殊处理能力,使得信息的时空存储能力趋向无限大。如电子图书的信息容量极大,检索性极强,已发展成为样态无限的大众传播载体,极大地提高了德性文化的生产力。

三是它致使人类对信息转换的能力得以无限增强,以往那种单一的、平面的、静态的、线性的信息转换方式,被全息式的、立体的、动态的、非线性的方式所取代。

3. 超级交往平台：网络文化阶段的中枢神经

网络文化构建了一种超级交往平台。在这个超级交往平台上,交流形式在最大限度上实现了多样化,使人类能够体味到多感官的可受性和多视角的通约性,极大地拓展了个体的言表自由。在本质上,互联网带来了交往行为的电子式革命。

一是交往平台的观照面得到了极大的拓展。当互联网创设出各种模拟的、虚幻的环境世界的时候,个体之间的交流便达到了单凭以往技术操作无法企及的广度与频度。这个超级交往平台,就如同极其发达的中枢神经系统,接受着各处末梢神经的传入信息,协调着各类交往的运动性传出,成为互联网时代人际之间超级交往的基础。

二是超级交往平台的构建提出了人际互动关系改写的任务。是否掌握一些基本的计算机技术、是否拥有互联网信息条件,以及是否进入了移动信息世界等,成为社会群体之间互动差异存在的根本性缘由,也使得"信息鸿沟""文化鸿沟"等现象成为继经济生活方式和社会政治权力结构之后的人际阶层划分的新依据。也就是说,个体之间的媒介环境差异,及其对媒介表现的敏感度和融入度差异,决定着德性培育发挥互联网效应的差异。

三是超级交往平台提出了德性培育应对各类超级思维的要求。超级交往平台的发展,尤其是各类人工智能技术的进步,对人类思维和行动起到的促进作用是显而易见的。但是,我们也要关注到其反向作用,如造成人类思考的惰性、人类自身精神生产的弱化、人际之间的不信任感、对德性生活追求的动力消散、虚拟空间意义的迷失等。

二、耦合：现实与媒介的开放推演

关于公共德性的培育思考,自然离不开现实与媒介在开放推演中的耦合互动。

(一) 平衡：真实与虚拟之间

公共德性培育的现实与媒介的耦合,需要实现真实与虚拟之间的平衡。一方面,虚拟所弥补的,也正是培育现实所欠缺的。虚拟能够把原本不可能的事理变成感觉世界中的可能事物,使分离的两重境界可以叠加,使逝去的诸面可以重现,使相异的彼此可以互通。尤其是全息刺激,更能够给个体带来"全身沉浸"的身临其境之感,在交互中成就现实所无法给予的及时回馈与情感体验。这对公共德性的现实培育具有颠覆性价值。

另一方面,现实培育的真实性,恰是网络言语行为虚拟背后的支撑力量。公共德性的网络培育方式,具有网络特性赋予的临时性特征,其内容往往会被快速地浏览,又会被轻易地删除,这种非正式性读取方式,会让人产生由随意式、休闲式阅读所带来的无须负责的错觉。但是,这种网络言语行为也并非绝对自由的,也是有限度的,它与现实生活方式之间也是无法截然割裂的,并需要有真实力量来整合它的零碎,支撑并维持它的发展。

(二) 开放：固定与流动之间

公共德性培育的现实与媒介的耦合,需要在固定与流动之间达致一种稳定的开放状态。在这里,有个认知前提,即固定既非尽善尽美,流动亦非无懈可击,它们都需要有来自对方的关照与互衬。

一方面,固定提供的是面对面的交流学习机会,使彼此的沟通更为直接、更为顺畅、更为彻底;而流动创造的是打破时空限制的条件与可能性,使受时空限制的资源也可以得以充分利用。

另一方面,固定代表着学习的节奏性,是对有效培育的一种保证;而流动象征的是学习的移动化与随身性,它可以抓住任何细碎时空,以促进培育的随时发生、随性展开与随心映照。

因此,两者可以在双向互动中沟通彼此,在相辅相成、相得益彰中为公共德性的培育守望互衬、耦合贯通。

(三)发展:静态与动态之间

公共德性培育的现实与媒介的耦合,也需要达致一种静态的定格与动态的推演之间的交替发展状态。

一方面,公共德性培育的"静态",表征的既是如字符印刷品等静态载体所带来的德性信息,又是要求培育所需要的宁静与沉稳,以免使德性培育在一片喧嚣热闹与光影跃动中产生对德性沉思的干扰与解构,失去对思想本身的思考与把握。或许,德性培育之静态可描述为"坐冷板凳",但这并不意味着静态培育必然要具备超然的脱离现实世界的精神执守,这更多的是因为德性培育本身就是对德性之门思想幽径的写照。

另一方面,公共德性培育的"动态",表征的既是如可穿戴影音设备、移动终端等动态载体所带来的丰富动感,又代表着实践培育的鲜活生命力。这是因为,动态元素分延的是传统静态语符运用的一维性,动态形象运演突破的是传统中相对平面的表达方式,动态体验给予个体的也正是更为感性的刺激。尤其是亲临的身势信息,往往表现得更为生动、直观、真切和亲和,使得培育传递信息的可接受度得以增加。

因此,在这种静态与动态思维的共存共生中,公共德性产生了相互缠绕的培育属性,这种动静相宜的公共德性培育属性也将随着公共生活的发展而不断并存发展下去。

(四)超越:下一个公共德性培育的"后网络文化阶段"在哪里?

一是德性培育所借助的现实与媒介,应当超越对技术自身演替可能性的单一求证。换言之,我们不应仅仅从技术发展的可能性上,去预测德性培育现实与媒介的发展趋势。一方面,德性培育不是一种工具性培育、技术性培育,它关乎人类德性文化与公共生活质量,除了必要的技术支撑外,更需要我们作出一定的人文审视。例如,从技术上而言,创造出克隆人已无多大困难,但是我们不可以此而断言克隆人就一定要出现,甚至是大量出现。在公共德性培育的现实与媒介的演替运动中,尽管确实存在物质技术与德性价值之间的非同构关系与非增益关系,但是不可借此而以技术发展的可能性来取代对德性培育人文价值的考量。另一方面,无论技术如何发展,德性培育中语言、文字等所承载的功能价值是不可随着历史的发展而磨灭的,尤其对印刷载体而言,它是不会轻易消失的,必将与各种新媒介长期共存。也就是说,技术水平的发展不足以替换精神生产的专门化时,公共德性培育的现实载体还不会退出历史舞台。

二是公共德性培育中,现实与媒介争艳的多样性现象,将丰富人们对德性生活的多样化选择。这既是缘于现实与媒介的内在交融关系,又是出于它们彼此吸纳各自甘露的需要,这也使得德性培育的现实与媒介之花得以争芳吐艳、万紫千红。以现代电子图书与印刷图书的关系趋向为例,一方面,无论电子技术如何发展,在对文字的组织和展示方面,抑或在对信息的传递、解读和利用方面,两者不存在本质性差异。另一方面,当人们需要进行多文本、多界面的读取、比较时,印刷图书便具备了电子图书的单一界面所难以形成的同时空展示的优势;而当人们出于大量检索、方便携带、快速传递、多渠道发行的需要时,电子图书便具备了印刷图书所无法比拟的优势。

三是对德性培育的现实与媒介而言,个性化、风格化需求将成为永恒的主题,而理性思考也将成为必然的要求。在公共德性培育中,每个个体都带有各自不同的知识背景、理解结构与德性诉求,他们会自然地选取他们所欲所求的培育内容,在自身意识深处思考着对提供内容所是所非的究诘与肯认。但同时,在各种个性化、风格化的表达中,夹杂着许多娱乐性的元素,隐含着对一些社会现象的讽刺与抨击,伴随着对各种传统、经典与权威的解构、颠覆和重组。各种无序信息洪流的冲击,各种诱惑信息的挤压,使得潜伏在个体本性之中的占有欲、表现欲等欲望得到放大,因此回归对公共生活的理性思考,回归对公共德性的反思、求真,将成为现代人必然面对的问题。

第五节 元认知：公共德性培育的有所为而为与无所为而为

一、公共德性培育"有所为"的逻辑展开

公共德性培育的"有所为"意指公共德性的进步不是自然而然的过程，脱离了"自然发展论"的痕迹，是人自我建设的结果，是在一定的社会条件和制度安排下的人的独立性、自由性、主体性的体现。

（一）重视公共德性的现代性

现代社会中人之公共德性的"现代性"，体现的是与以往社会的公共德性的最显著区别。这意味着充分承认社会成员个体权利的重要性。

当然，人们在反思现代性带来的一些不良结果的同时，也产生了一些内在矛盾：既渴求在共同体中得到精神上的归属与情感上的温馨，又企图摆脱共同体加于人之束缚与压制；既向往独立自主与自由平等，又感受到空前的寂寞与空虚。

所以，要平衡现代性的内在矛盾，就要求我们既不能与我们的历史、传统割裂开，又要实现优秀文化传统与现代文明的融合共存；要求我们每个人应自觉地意识到自身是社会共同体中的一分子，是国家的一分子，每个人既是权利主体，又是责任和义务主体；需要每个人既要应对自身的非理性，管好自私的天性，又要有对公共生活的热情投入和积极体验，对公共事务的主动关怀和踊跃参与，对国家公共利益和共同价值的真诚认同。因为只有在这样的现代审视下，在这样的社会境况下，每个人才都能够从中受益。

（二）审慎面对社会主义社会的问题

这标志着不能有对公共德性培育的教条主义理解。作为社会主义大家庭的主人，要在个体阵营与社会阵营中寻找平衡，既要避免个体阵营强于社

会阵营,偏向于个体阵营的情况;又要避免社会阵营强于个体阵营,无法保障个体应有权利的情况。

因此,要界定中国社会主义制度下的公共德性。要理解作为社会主义"共同理想和德性支柱"表征的公共德性,对其坚持的前提就是人民性高于一切。这既是传统,也是未来走向。

(三) 正视中国社会的特殊性

在现代中国,我们究竟要构建一个什么样的社会? 如果说,是一个"良善的社会"的话,那什么样的状态又可称为"良善社会""良善共同体"? 是为了发展,牺牲环境? 牺牲道德? 牺牲人与人的关系吗? 经济增长的同时,似乎看来道德是在下滑? 难道鱼与熊掌就不可兼得吗? 其实,这就是个悖论。因为这里存在关于社会治理的主体多元的问题。特别是在像我们这样一个人口众多、人均资源相对不足、经济社会发展不均衡的大国,尤为如此。所以,不正视其特殊性,不深入分析问题,而将问题简单化,以荣耀道德为托辞否定发展,或者以发展为借口而否定人之公共德性,都是将问题表面化了、片面化了。

因此,在公共德性的培育中,我们需要正视中国社会的特殊性,找寻公共德性培育中联结群己关系、内外关系、知行关系的联结点,在平衡中发展,在互鉴共赢中发展,在守望相助中发展。

二、公共德性培育"无所为"的境界延拓

公共德性培育的"无所为"并不是指行为上的"无为",而是意指合乎客观规律进行培育,顺道而为,而"强求"只是一种与事物发展规律背道而驰的迷失与异变。"无所为"实为更高程度上的"有所为"。

(一)"无所为"的社会前提

首先,高度分化而复杂的现代社会结构是公共德性培育的时代动因与探索前提。现代社会已不再是昔日那个简单、封闭、稳定的小社会了,已变

成了一个具有高度分化,且信息飞速、关系交错、风险与机遇并存的复杂社会。这种前所未有的社会状况,已不再是某个个人、某些集团能够通览无遗地认识与把握的,这就是培育公共德性的现代起点。

其次,公共德性培育是以现代社会制度构建为保障的。在这里,现代社会制度的构建,指向包含一系列内容、方式、程序等方面的社会秩序建构过程。传统社会是构建于个人特权或者宗教权威基础之上的,尽管也存在着对公共德性的培育诉求,但是这种诉求也正是缘于个人主观意愿或者作为审美体验而提出的,并没有以制度作为保障,因此其实现是无法得到保证的。在现代中国,伴随着现代民族国家的建构、权力公共性的确证与守护、公共实践的丰富与践履、公共舆论的互动传播与批判监督,公共德性的培育获得了制度、政策、社会条件等的现实保障,具有公共德性的生活世界才可能得以建构。

最后,公共德性培育是以社会的永续发展为依托的。永续发展是一种动态平衡的、以发展为旨归的状态,是一种在最广泛意义上求得协调、有序发展的社会状态。"永续发展"所吁求的是社会中范围更为广阔、程度更为深入、关系更为融合的稳健发展,它体现了人与自身、人与自然、人与社会之间的全面的整体的共赢共荣状态,这是对以往人们所关注的局部发展与狭隘发展的超越。换言之,就要是"以人为本",社会要为个人的合理利益谋福祉,并将发展的自然代价与社会代价降低到最低限度。

(二)"无所为"的个体归宿

一方面,公共德性的培育是为了人,而不是纯粹地为了社会的秩序、契约。当然,社会秩序、契约等的形成与稳定,是能够促进人的公共德性的。因此,无论是其培育的养成性与可教性,还是显性与隐性,抑或是现实与媒介,都是从有效性角度进行的方法论探讨,而人的发展,也就是公共德性培育的目的本身,才是其至高追求。

另一方面,若没有个体对国家的强烈认同,没有个体对社会生活的积极参与,政治文明、社会文明是不可能达致的,人所生存的良善公共生活也是不可能自臻其境的。换言之,对良善公共生活之希冀、对国家共同价值观之认同、对公共活动之积极关怀和参与、对公共善之虔诚敬畏和践履,体现的就是一种人之公共德性,回归的仍然是人之发展的个体归宿。

(三)"无所为"的开放性:遵循客观规律的渐进过程

公共德性的培育,并不是一个简单的因循过程,也不仅是某一领域的"分内之事",它涉及传统文明与现代文明的多维视角,涉及社会生活的方方面面。这就决定了此过程不可能一蹴而就,必然是一个渐进的过程。

一方面,遵循客观规律的渐进过程,体现的就是对真善美的本色追求。这里,既无须人为地将个人与社会对立起来,又无须斤斤计较于在假丑恶上的患得患失。因为只有在共同理想的观照下,全体社会成员才能够坚强团结,为达致共同的社会理想而甘之若饴、何乐不为;也只有通过基于对真善美的追求来培育公共德性,才能使每个个体既能澄明自我,又能互通彼此、联结群体、共契境态,最终超越个体之实现而各尽其能、各展其妙、各得其宜、各享其所。

另一方面,公共德性的培育,也是一个不断归零、不断从头开始的过程。踏踏实实地实践,把任何曾经的成绩与建树、过往的成就与造诣抛至身后,向着新的目标前行。归零,看似是"无",实际上却是"有",有时候还有"很多"。好似零摆在一后面,就是十;在百后面,乃为千;在万后面,正是十万、百万、千万……归零,就是以无声的从新播种,求有声的永续事业;归"无",就是一种无形的财富,也是一种真正的财富。

结　语

作为公共德性中最内核的部分,公共精神是对生活在公共空间中的每个个体的价值意识和生命意识的超越性总涉,是孕育于人类公共生活中的个体优良品质的内生能量,具有形而上的抽象意蕴。而从公共德性角度研究城市社区现状不仅可以拓延公共精神的内涵,使对城市社区的研究更有层次感,而且可以从公共德性的导向即亲社会行为出发,使针对城市社区的实证调查更为丰满立体。

从亲社会行为征象出发研究公共德性,有别于传统的伦理学和公共哲学的研究视角,它将公共德性置于公共生活(亲社会)环境中,从对公共德性现实拷问的关切之中,探明亲社会行为的动机模型;从公共德性的思想界说中,探析亲社会行为价值内核的发生与发展;通过探究如何做一个有公共德性的人,以及其培育的社会条件与制度安排,来探索合乎个体品质发展规律的公共德性培育养成性与可教性、显性与隐性、现实与媒介,斟酌公共德性培育的有所为而为与无所为而为。这种研究既体现了心理学的关怀,又展现了政治学的旨趣,还融含了伦理与哲学的意蕴,是对当下公共德性研究的一种新视角和新动力。

目前不容忽视的是,中国社会的公共生活领域正在以前所未有的速度扩展,从亲社会行为征象出发对公共德性的现实拷问、价值预设以及实践智慧等进行探究,是本研究亟待解决的理论课题和创新需求。探寻公共德性的活动规律,探究关于公共德性的基本问题和范畴体系,也正是对思想政治教育学科理论内涵的丰富和充实。

参 考 文 献

[1] Argyris. Understanding Organizational Behavior [M]. London: Tavistock Publications, 1960.
[2] Baumeister, Leary. The Need to Belong: Desire for Interpersonal Attachments as a Fundamental Human Motivation [J]. Psychological Bulletin, 1995,117.
[3] Breugelmans, Poortinga. Emotion Without A Word: Shame and Guilt among Rarámuri Indians and Rural Javanes [J]. Journal of Personality and Social Psychology, 2006,91(6).
[4] Erikson. Identity: Youth and Crisis [M]. Newyork: Norton Company, 1968.
[5] Hart. Adding Identity to the Moral Domain [J]. Human Development, 2005,48.
[6] Herriot, Manning, Kidd. The Content of the Psychological Contract [J]. British Journal of Management, 1997,8.
[7] Hoffman. Developmental Syntheses of Affect and Cognition and Its Implications for Altruistic Motivation [J]. Developmental Psychology, 1975,11.
[8] Kelman. Process of Opinion Change [J]. Public Opinion Quarterly, 1961,25.
[9] Kornilaki, Chlouverakis. The Situational Antecedents of Pride and Happiness: Developmental and Domain Differences [J]. British Journal of Development Psychology, 2004,22.
[10] Kotter. The Psychological Contract: Managing the Joining-up Process [J]. California Management Review, 1973,15.
[11] Lewis, Sullivan, Stanger, Weiss. Self Development and Self-conscious Emotions [J]. Child Development, 1989,60.
[12] Perner. Understanding the Representational Mind [M]. Cambridge, MA: Bradford Books/ MITPress, 1991.
[13] Rousseau Denise. Psychological and Implied Contracts in Organizations [J].

Employee Responsibilities and Rights Journal, 1989, 2.

[14] Sandel. Liberalism and the Limits of Justice [M]. Cambridge: Cambridge University Press, 1998.

[15] Shore, Barksdale. Examining Degree of Balanced Level of Obligation in the Employment Relationship: A Social Exchange Approach [J]. Journal of Organizational Behavior, 1998, 19.

[16] Tajfel, Turner. The Social Identity Theory of Intergroup Behavior [M]. Chicago: Nelson Hall, 1986.

[17] Tronto. Moral Boundaries: Apolitical Argument for an Ethic of Care [M]. London: Routledge, 1993.

[18] Twiselton, Samantha. The Role of Teacher Identities in Learning to Teach literacy [J]. Educational Review, 2004, 56(2).

[19] Weiner. An Attributional Theory of Achievement Motivation and Emotion [J]. Psychological Review, 1985, 92.

[20] Yates, Youniss. A Developmental Perspective on Common Service in Adolescence [J]. Social Development, 1996, 5(1).

[21] 马克思恩格斯全集(第1卷)[M]. 中共中央马克思恩格斯列宁斯大林著作编译局编译. 北京：人民出版社, 1995.

[22] 马克思恩格斯全集(第3卷)[M]. 中共中央马克思恩格斯列宁斯大林著作编译局编译. 北京：人民出版社, 1960.

[23] 马克思恩格斯全集(第23卷)[M]. 中共中央马克思恩格斯列宁斯大林著作编译局编译. 北京：人民出版社, 1972.

[24] 马克思恩格斯全集(第34卷)[M]. 中共中央马克思恩格斯列宁斯大林著作编译局编译. 北京：人民出版社, 1972.

[25] 马克思恩格斯全集(第42卷)[M]. 中共中央马克思恩格斯列宁斯大林著作编译局编译. 北京：人民出版社, 1979.

[26] 马克思恩格斯全集(第44卷)[M]. 中共中央马克思恩格斯列宁斯大林著作编译局编译. 北京：人民出版社, 2001.

[27] 马克思恩格斯全集(第46卷上)[M]. 中共中央马克思恩格斯列宁斯大林著作编译局编译. 北京：人民出版社, 1979.

[28] 马克思恩格斯选集(第1—4卷)[M]. 中共中央马克思恩格斯列宁斯大林著作编译局编译. 北京：人民出版社, 1995.

[29] [德]哈贝马斯. 公共领域的结构转型[M]. 曹卫东等译. 上海：学林出版社, 1999.

[30] [德]康德. 道德形而上学原理[M]. 苗力田译. 上海：上海人民出版社, 1986.

[31] [德]马克思. 资本论(第1卷)[M]. 中共中央马克思恩格斯列宁斯大林著作编译局编译. 北京：人民出版社, 1975.

[32] [德]马克斯·韦伯.新教伦理与资本主义精神[M].于晓,陈维纲译.北京:生活·读书·新知三联书店,1987.
[33] [德]斯宾格勒.西方的没落(第2卷)[M].吴琼译.上海:三联书店,2006.
[34] [法]迪韦尔热.政治社会学[M].杨祖功译.北京:华夏出版社,1987.
[35] [法]勒庞.乌合之众[M].冯克利译.北京:中央编译出版社,2005.
[36] [法]卢梭.卢梭文集——社会契约论[M].李常山,何兆武译.北京:红旗出版社,1997.
[37] [法]孟德斯鸠.论法的精神[M].孙立坚等译.西安:陕西人民出版社,2001.
[38] [法]涂尔干.教育思想的演进[M].李康译.上海:上海人民出版社,2003.
[39] [法]涂尔干.社会分工论[M].渠东译.北京:生活·读书·新知三联书店,2000.
[40] [古希腊]亚里士多德.尼各马可伦理学[M].邓安庆译.北京:人民出版社,2010.
[41] [古希腊]亚里士多德.政治学[M].吴寿彭译.北京:商务印书馆,1965.
[42] [荷]曼德维尔.蜜蜂的寓言[M].肖聿译.北京:中国社会科学出版社,2002.
[43] [加]麦克卢汉.麦克卢汉精粹[M].何道宽译.南京:南京大学出版社,2000.
[44] [捷]夸美纽斯.大教学论[M].傅任敢译.北京:教育科学出版社,1999.
[45] [美]阿伦森,威尔逊,埃克特.社会心理学[M].第7版.侯玉波等译.北京:世界图书出版公司,2012.
[46] [美]班杜拉.思想和行动的社会基础[M].林颖等译.上海:华东师范大学出版社,2001.
[47] [美]布莱克.比较现代化[M].杨豫,陈祖洲译.上海:上海译文出版社,1996.
[48] [美]格里格,津巴多.心理学与生活[M].王垒,王甦等译.北京:人民邮电出版社,2003.
[49] [美]汉娜·阿伦特.人的条件[M].竺乾威等译.上海:上海人民出版社,1999.
[50] [美]亨廷顿,哈里森.文明的重要作用[M].程克雄译.北京:新华出版社,2010.
[51] [美]亨廷顿.变化社会中的政治秩序[M].王冠华等译.北京:生活·读书·新知三联书店,1989.
[52] [美]卡斯特.网络社会的崛起[M].夏铸九等译.北京:社会科学文献出版社,2003.
[53] [美]科恩.论民主[M].聂崇信,朱秀贤.北京:商务印书馆,1988.
[54] [美]莱夫,温格.情景学习:合法的边缘性参与[M].王文静译.上海:华东师范大学出版社,2004.
[55] [美]罗杰斯.政治的终结[M].陈家刚译.北京:社会科学文献出版社,2001.
[56] [美]麦金太尔.德性之后[M].龚群,戴扬毅译.北京:中国社会科学出版社,1995.

[57] [美]米德.心灵·自我与社会[M].赵月瑟译.上海:上海译文出版社,2005.
[58] [美]乔纳森.学习环境的理论基础[M].郑太年,任友群译.上海:华东师范大学出版社,2002.
[59] [美]塞勒.移动浪潮[M].邹韬译.北京:中信出版社,2013.
[60] [美]斯莱文.教育心理学:理论与实践[M].第7版.姚梅林等译.北京:人民邮电出版社,2004.
[61] [美]斯特弗,盖尔.教育中的建构主义[M].高文,徐斌燕,程可拉等译.上海:华东师范大学出版社,2002.
[62] [美]雅诺斯基.公民与文明社会[M].柯雄译.沈阳:辽宁教育出版社,2000.
[63] [美]伊格尔顿.马克思为什么是对的[M].李杨等译.北京:新星出版社,2011.
[64] [美]英格尔斯.人的现代化[M].殷陆君译.成都:四川人民出版社,1985.
[65] [美]尤斯拉纳.信任的道德基础[M].张敦敏译.北京:中国社会科学出版社,2006.
[66] [挪]希尔·贝克,伊耶.西方哲学史——从古希腊到二十世纪[M].童世骏等译.上海:上海译文出版,2004.
[67] [日]福泽谕吉.文明论概略[M].北京编译社译.北京:商务印书馆,1982.
[68] [匈]阿格妮丝·赫勒.日常生活[M].衣俊卿译.重庆:重庆出版社,1990.
[69] [意]马基雅维利.君主论[M].潘汉典译.北京:商务印书馆,1997.
[70] [英]卢克斯.个人主义[M].阎克文译.南京:江苏人民出版社,2001.
[71] [英]密尔.论自由[M].许宝骙译.北京:商务印书馆,1959.
[72] [英]汤因比.历史研究[M].郭小凌,杜挺广,梁洁等译.上海:上海人民出版社,2000.
[73] [英]亚当·斯密.道德情操论[M].蒋自强译.北京:商务印书馆,1999.
[74] 陈独秀.陈独秀文章选编[M].北京:生活·读书·新知三联书店,1984.
[75] 陈刚.西方精神史[M].南京:江苏人民出版社,2000.
[76] 陈欢,周成贤.试论大学生公共德性培育的主要内容[J].学校党建与思想教育,2012,(24).
[77] 陈绍芳.公共哲学视角的公共秩序价值解析[J].社会科学家,2009,(1).
[78] 陈向明.教师如何作质的研究[M].北京:教育科学出版社,2001.
[79] 迟毓凯.人格与情境启动对亲社会行为的影响[D].上海:华东师范大学,2005.
[80] 丁守和.中国近代启蒙思潮(上卷)[M].北京:社会科学文献出版社,1999.
[81] 杜学元.教育心理学的经典理论及其应用[M].北京:北京大学出版社,2011.
[82] 范树成.当代学校德育范式转换与走向研究[M].北京:人民出版社,2011.
[83] 方明.陶行知全集(第2卷)[M].成都:四川教育出版社,2009.
[84] 方旭光.政治认同的基础理论研究[D].上海:复旦大学,2006.
[85] 费孝通.乡土中国·生育制度[M].北京:北京大学出版社,1998.

[86] 高国希.走出伦理困境[M].上海：上海社会科学出版社,1996.
[87] 高青海,胡海波,贺来."类生命"与"类哲学"——走向未来的当代哲学精神[M].长春：吉林人民出版社,1998.
[88] 高宣扬.布迪厄的社会理论[M].上海：同济大学出版社,2004.
[89] 韩东晖.重叠共识、公共理性与启蒙规划[J].中共浙江省委党校学报,2016,(1).
[90] 何怀宏.底线伦理[M].沈阳：辽宁人民出版社,1998.
[91] 胡潇.媒介认识论[M].北京：人民出版社,2012.
[92] 黄芳.社会秩序理论[D].杭州：浙江大学,2014.
[93] 黄建中.比较伦理学[M].济南：山东人民出版社,1998.
[94] 黄俊杰.大学通识教育探索[M].广州：中山大学出版社,2002.
[95] 江畅.德性论[M].北京：人民出版社,2011.
[96] 金生鈜.德性与教化[M].长沙：湖南大学出版社,2003.
[97] 金生鈜.公共道德义务的认同及其教育[J].华东师范大学学报(教育科学版),2012,(3).
[98] 李谷,周晖,丁如一.道德自我调节对亲社会行为和违规行为的影响[J].心理学报,2013,(6).
[99] 李广智.舆论学通论[M].哈尔滨：黑龙江教育出版社,1989.
[100] 李萍.论公共精神的培养[J].北京行政学院学报,2004,(2).
[101] 李生龙.儒家仁学、礼学及人生哲学所隐含的类意识[J].湖南师范大学社会科学学报,2009,(3).
[102] 梁启超.新民说[M].郑州：中州古籍出版社,1998.
[103] 梁漱溟.中国文化要义[M].上海：上海人民出版社,2004.
[104] 廖加林.论公共道德与积极性的公民行为[J].伦理学研究,2013,(4).
[105] 廖加林.现代视域下公共道德基础的研究[D].长沙：湖南师范大学,2009.
[106] 廖申白.私人交往与公共交往[J].北京师范大学学报(社会科学版),2005,(4).
[107] 刘鹤玲.亲缘、互惠与驯顺：利他理论的三次突破[J].自然辩证法研究,2000,16(3).
[108] 刘建明.基础舆论学[M].北京：中国人民大学出版社,1988.
[109] 刘军宁.民主与民主化[M].北京：商务印书馆,1999.
[110] 刘军宁.市场社会与公共秩序[M].北京：生活·读书·新知三联书店,1996.
[111] 刘世定,邱泽奇."内卷化"概念辨析[J].社会学研究,2004,(5).
[112] 刘鑫淼.当代中国公共精神的培育研究[M].北京：人民出版社,2010.
[113] 刘鑫淼.公民性：现代人的存在样态和品质吁求[J].社会主义研究,2006,(4).
[114] 刘鑫淼.试论马克思主义意识形态的公共性品质[J].长白学刊,2007,(4).

[115] 刘玉梅.道德焦虑论[D].长沙：中南大学,2010.
[116] 刘泽华.天人合一与王权主义[J].天津社会科学,1996,(4).
[117] 刘志国.全球化背景下中国传统文化的现代转换[D].济南：山东大学,2007.
[118] 龙静云.论公民公共德性的三个层次[J].思想理论教育,2008,(9).
[119] 卢坤.从个体伦理到"集体与个体"二维伦理[J].哲学研究,2005,(3).
[120] 路海东.学校教育心理学[M].长春：东北师范大学出版社,2000.
[121] 罗俊.人类的亲社会行为及其情境依赖性[J].学术月刊,2015,(6).
[122] 罗荣渠.现代化新论——世界与中国的现代化进程[M].北京：商务印书馆,2004.
[123] 马立诚.当代中国八种社会思潮[M].北京：社会科学文献出版社,2012.
[124] 皮连生.教育心理学[M].第3版.上海：上海教育出版社,2004.
[125] 皮连生.学与教的心理学[M].第3版.上海：华东师范大学出版社,2003.
[126] 皮连生.智育心理学[M].北京：人民教育出版社.1996.
[127] 邱柏生,董雅华.思想政治教育学新论[M].上海：复旦大学出版社,2012.
[128] 尚会鹏."个人""个国"与现代国际秩序——心理文化的视角[J].世界经济与政治,2007,(10).
[129] 尚会鹏.许烺光的"心理-社会均衡"理论及其中国文化背景[J].国际政治研究,2006,(4).
[130] 施良方.学习论[M].第2版.北京：人民教育出版社,2001.
[131] 唐文玉.社会组织公共性的生长困境及其超越[J].上海行政学院学报,2016,(1).
[132] 万俊人.道德之维[M].广州：广东人民出版社,2000.
[133] 王婧,徐仲伟.关于网络社会公共道德的建设[J].思想理论教育导刊,2015,(1).
[134] 王甦,汪安圣.认知心理学[M].北京：北京大学出版社,1992.
[135] 王锡伟.契约真理论[D].南京：南京师范大学,2008.
[136] 王孝玲.教育统计学[M].上海：华东师范大学出版社,2001.
[137] 王志刚.人类本性与社会秩序[D].长春：吉林大学,2007.
[138] 吴明隆.SPSS统计应用实务[M].北京：科学出版社,2003.
[139] 谢惠媛.马基雅维利的公共德性观[J].天津社会科学,2009,(5).
[140] 徐迅.民族主义[M].北京：中国社会科学出版社,2005.
[141] 杨韶刚.道德教育心理学[M].上海：上海教育出版社,2007.
[142] 杨韶刚.西方道德心理学的新发展[M].上海：上海教育出版社,2007.
[143] 俞可平.治理与善治[M].北京：社会科学文献出版社,2000.
[144] 俞吾金.意识形态论[M].上海：上海人民出版社,1993.
[145] 袁桂林.当代西方道德教育理论[M].福州：福建教育出版社,2005.
[146] 袁玉立.公共性：走进我们生活的哲学范畴[J].学术界,2005,(5).

[147] 袁振国. 教育研究方法[M]. 北京：高等教育出版社,2000.
[148] 袁祖社. 文化"公共性"理想的复权及其历史性创生[J]. 学术界,2005,(5).
[149] 曾盼盼. 亲社会行为研究的新视角[J]. 教育科学,2011,(1).
[150] 张厚粲,徐建平. 现代心理与教育统计学[M]. 第2版. 北京：北京师范大学出版社,2004.
[151] 张康之. 道德化的政府与良好的社会秩序[J]. 社会科学战线,2003,(1).
[152] 张敏强. 教育与心理统计学[M]. 第2版. 北京：人民教育出版社,2002.
[153] 张莹瑞,佐斌. 社会认同理论及其发展[J]. 心理科学进展,2006,14(3).
[154] 郑淑贞. 社会互赖理论对合作学习设计的启示[J]. 教育学报,2010,(6).
[155] 郑永廷. 人的现代化理论与实践[M]. 北京：人民出版社,2006.
[156] 周菲. 当代欧美公共哲学研究述评[J]. 上海师范大学学报（哲学社会科学版）,2005,34(2).
[157] 周国文. 公共善、宽容与平等：和谐社会的伦理基础[J]. 社会科学辑刊,2010,(5).

本书系教育部人文社会科学研究青年基金项目"当代城市社区公共精神的实证调查与培育对策研究"(项目编号：17YJC710071)的研究成果。

图书在版编目(CIP)数据

论公共德性：一项缘于上海城市社区实证调查的研究 / 宋洁著. —上海：上海社会科学院出版社，2019
 ISBN 978 - 7 - 5520 - 2753 - 2

Ⅰ.①论… Ⅱ.①宋… Ⅲ.①社会公德-研究-上海 Ⅳ.①B824

中国版本图书馆 CIP 数据核字(2019)第 091055 号

论公共德性：一项缘于上海城市社区实证调查的研究

著　　者：宋　洁
责任编辑：陈慧慧
封面设计：周清华
出版发行：上海社会科学院出版社
　　　　　上海顺昌路 622 号　邮编 200025
　　　　　电话总机 021 - 63315900　销售热线 021 - 53063735
　　　　　http://www.sassp.org.cn　E-mail: sassp@sass.org.cn
照　　排：南京前锦排版服务有限公司
印　　刷：上海天地海设计印刷有限公司
开　　本：710×1010 毫米　1/16 开
印　　张：10
插　　页：2
字　　数：142 千字
版　　次：2019 年 6 月第 1 版　2019 年 6 月第 1 次印刷

ISBN 978 - 7 - 5520 - 2753 - 2/B · 260　　定价：48.00 元

版权所有　翻印必究